安保法制下で進む！

先制攻撃できる自衛隊

新防衛大綱・中期防がもたらすもの

半田滋
Handa Shigeru

あけび書房

はじめに

安全保障関連法（安保法制）が施行され、3年が過ぎました。

「日本が戦争に巻き込まれる！」

当時、国会の激しい論戦をみて、そんな不安を抱いた人もいたのではないでしょうか。でも、戦争は起きていません。

「なんだ、取り越し苦労だったのか」と安心するのは、まだ早いと思います。

今は、たまたま米国が戦争をしていないから、日本も静かなのだと考えれば、これまで通りの生活ができている理由がわかります。


日本政府は米国がアフガニスタン攻撃を始めたとき、わざわざ特別措置法（特措法）という期限をさだめた法律をつくって、海上自衛隊が戦場へ向かう米艦艇に燃料を洋上補給することで、米国の戦争を支援しました。

イラク戦争の際にも、やはり特措法をつくり、戦火くすぶるイラクに陸上自衛隊を派遣し、隣国のクウェートに航空自衛隊を派遣したのです。

小泉純一郎首相が世界に先駆けて、「米国の戦争を支持する」と表明したところ、それならば「陸上自衛隊を派遣せよ」と米国から求められ、大急ぎで準備を整えたのです。

この2つの戦争で特措法までつくって対米支援をしたのが、日本なのです。

安保法制は、事態にあわせてつくり、期限が来れば効力が消えてしまう特措法とは違います。恒久法ですから、いつでも、いつまでも使うことができるのです。

米国がいずこかの地域や国で戦争を始め、日本に応援を求めてきたときに、ただちに自衛隊を送り込むことができるのです。

安倍政権より前には「憲法違反」とされ、政府が禁じてきた集団的自衛権の行使や戦闘地域での米軍支援は、いずれも実施可能となっています。米国が再び戦争を始めたとき、米軍の側について自衛隊が戦闘に参加したり、米軍の下働きをしたりすることが簡単にできてしまうのです。

米国が戦争をしていないからといって、安保法制は休眠しているわけではありません。施行から8カ月後、南スーダンの国連平和維持活動（ＰＫＯ）に参加している陸上自衛隊に「駆け付け警護」が命じられました。

武装集団に襲われた日本人などを救出する活動です。武装集団が「国に準じる組織」であった場合、「国の組織」である自衛隊と撃ち合えば、憲法9条に違反するとして「実施できない」とされた「駆け付け警護」でしたが、安倍政権が「自衛隊の前に国に準じる組織は現れない」との趣旨の閣議決定をしました。

現れるか否かの現実はどうあれ、「現れない」ことに決めたのです。理不尽な話ですが、これを受けて、安保法制に「駆け付け警護」が取り入れられ、「実施できる」と180度変わりました。

奇妙なことに、安倍政権は「駆け付け警護」を命じてから、わずか3カ月後に南スーダンPKOの終了を命じています。

野党に「隊員に死傷者が出た場合、責任をとるか」と詰め寄られ、「もとよりその覚悟でございます」と安倍首相は答弁し、自衛隊に死傷者が出たとすれば、首相を辞めなければならなくなりました。

そのあと、国有地を常識外れの価格で払い下げた森友学園問題が浮上。首相は「私や（妻の）昭恵がかかわっているとわかったならば、総理大臣はもちろん国会議員もやめる」とここでも首相を辞めることを約束します。

首相は周囲のごく親しい人とだけ相談して、南スーダンPKOから撤収することを決めました。これで首相を辞めなければならない条件のひとつは消えました。自衛隊の「私物化」が疑われますが、「安倍一強」ですから何でもありなのです。

安保法制の適用第2号となったのが米軍防護でした。北朝鮮情勢にからみ、2017年は米艦艇、米航空機の自衛隊による防護が2件ありました。

2018年は南北首脳会談、米朝首脳会談が相次いで開かれ、朝鮮半島の緊張緩和が始まったにもかかわらず、米軍防護は16件と前年の8倍に増えています。

防護の中身について、政府は国民にまったく説明しません。米軍防護は国家安全保障会議に報告され、のちに件数だけが公表されているのですが、国家安全保障会議で得た結論は「特定秘密」となっているので公表できないのです。

これを決めたのは、国家安全保障会議の常任メンバーである首相、官房長官、外務相、防衛相の4人。自らに報告するルールを自らが定めたのですから、自作自演です。おかしなルールによって、実施した米軍防護の中身は永遠に公表されないことになってしまいました。

軍事に傾斜を強めた結果、自衛隊の活動や武器を定めた日本防衛の指針「防衛計画の大綱」（防衛大綱）がつじつまが合わなくなり、2019年4月から新大綱に改定されました。

安保法制を反映したことから、攻撃型の武器体系への移行が明記され、もはや「専守防衛」は風前の灯火です。憲法の縛りなどないも同然です。米軍とのさらなる一体化も打ち出されました。

攻撃型武器の多くは米政府から購入するのです。米政府から購入する武器は過去、毎年500億円前後だったにもかかわらず、安倍政権になってから1000億円、4000億円と増え続け、2019年度はついに7000億円を超えました。

防衛省はローン地獄に陥り、企業に「支払いを待ってくれ」と頭を下げる始末。企業が断ると、5年の分割払いを10年に延長する法律をつくり、引き続き高額な武器を米国から大量購入できる仕組みをつくり上げたのです。法律ですから、国会も防衛省が借金地獄に落ちることを認めたことになります。

日本は三権分立のはずですが、互いに牽制するのではなく、首相官邸という行政府が立法府である国会を支配しているかのようです。

政府は武器を大量購入する一方で社会保障費を削減し、また、大学に入った若者が奨学金の返済で苦しんでいる様子をみても抜本的な対策を打ち出そうとはしません。待機児童問題が表面化して何年もたちます。戦闘機を1機買うのをやめれば、認可保育所が100カ所以上もつくれるのに、政府は武器購入をやめようとはしません。

いったい誰のために政治をしているのか。

市民の声には耳をふさぎ、米国のささやき声には耳をそばだてる。「米国第一」をスローガンに掲げ、実際には自身の再選をはかるトランプ米大統領、彼と日本の政治家はどこが違うのでしょうか。

本書は安保法制の施行による自衛隊の変化、2018年に閣議決定され、2019年4月から実施の「防衛計画の大綱」「中期防衛力整備計画」による自衛隊の「軍隊化」などを具体的な事例をもとに説明しています。

軍事は絵空事ではありません。もはや憲法改正を待つまでもなく、「戦争ができる国」になった日本。本書を読めば、憲法改正の阻止だけを訴えていたのでは、平和国家は取り戻せないことがおわかりいただけると思います。

議論のたたき台として活用していただければ幸いです。

２０１９年４月24日

半田 滋

（なお、本文中の肩書きは当時のものとしました）

もくじ

安保法制下で進む！　先制攻撃できる自衛隊

第1章

安倍首相のもとで変化する日本

日本が迎える「茶色の朝」

「関係がないから、まあいいか」

そう自分に言い聞かせて、やり過ごしているうちに問題に巻き込まれてしまう。もはや逃げられない…。

フランク・パブロフが著わした寓話『茶色の朝』は、国家主義を段階的に強める政府のやり方と人々の「ありがちな姿」を描き、フランスでベスト・セラーになりました。日本で出版されたのは2003年ですが、あらためて手にとれば「今の日本とそっくりだ」と受けとめる人もいるのではないでしょうか。

安倍晋三首相が二度目の首相職に返り咲いてから6年がたちました。

この間、秘密を漏らした公務員や記事にした記者に厳罰を科す特定秘密保護法をつくり、自衛隊による海外での武力行使に道を開く安全保障関連法を施行し、市民の活動を弾圧しかねない「共謀罪」法を制定しました。

公務員が安倍首相を忖度してウソをついたり、こっそり公文書を改ざんしたりして、国会では、まともな議論ができなくなりつつあります。統計不正まで飛び出し、「みんなが豊かになった」という安倍首相の主張も、まるで信用できません。

日本という国の屋台骨が曲がり始めているのです。それなのに「まっすぐだ」「どこが問題なの？」と言い張る与党の政治家や安倍氏の応援団もいて、いよいよ日本は「茶色の朝」を迎えるのかな、と不安になります。

パブロフの『茶色の朝』では、主人公が途中から身に迫る危険を感じるようになります。しかし、「政府の動きはすばやかったし、俺には仕事があるし、毎日やらなきゃならないこまましたことも多い。他の人たちだって、ごたごたはごめんだから、おとなしくしているんじゃないか？」と言い訳を続けます。そして、逮捕をうかがわせるドアを強くたたく音が響くところで物語は終わるのです。

水に入れたカエルがいつの間にか「ゆでガエル」になるように、社会の変化は少しずつ現れてきています。「関係がないから、まあいいか」と思わせるような巧妙な手口なのかもしれません。

二転三転する安倍首相の憲法改正の理由

安倍首相は２０２０年の東京五輪・パラリンピックの年までの憲法改正を主張しています。少しずつの変化が積み重ねられ、日本という国の土台まで揺らぎはじめています。

２０１８年10月、首相は自衛隊観閲式で「自衛隊を憲法に書き込むことにより、すべての自衛隊員が、強い誇りを持って任務をまっとうできる環境を整える」と訓示しました。

憲法を変えなければならないほど、自衛隊員はさげすまれ、誇りを持てずにいるのでしょうか。

内閣府が3年に1度実施している「自衛隊・防衛問題に関する世論調査」で、「自衛隊に良い印象を持っている」と答えた人は最新の2018年1月の調査を含め、3回連続して9割（2012年91・7％、2015年92・2％、2018年89・8％）となっています。自衛隊員が「強い誇り」を持つのに十分な数字と言えるのではないでしょうか。

しかし、安倍首相は憲法に自衛隊を書き込むことが「今を生きる政治家の責任だ。私はその責任をしっかり果たしていく決意だ」と言い切りました。

この訓示から4カ月後の2019年2月にあった自民党大会。安倍首相は、今度は「都道府県の6割以上が新規隊員募集への協力を拒否している悲しい実態がある。この状況を変えよう。違憲論争に終止符を打とう」と訴えました。

憲法を改正して自衛隊を憲法に書き込む理由がわずか4カ月の間に「隊員に強い誇りを持たせるため」から「新規隊員募集のため」に変化したのです。

自民党大会で首相の演説を聴いていた石破茂元防衛相は「『憲法違反なんで自衛隊の募集に協力しない』と言った自治体を私は知らない」と語り、「去年は自衛隊を憲法違反と言っている学者がいるから憲法を変える、という論法だった。今年は自衛隊募集に協力しない自治体があるから憲法を変える、という論法だった」と指摘しました。（2019年2月11日東京新聞朝刊、「そういう自治体知らない」石破氏、信頼得られぬと批判）

安倍政権下での主な出来事

2012（平成24）**年**		
	12月	第２次安倍政権が発足
2013（平成25）**年**		
	２月	アベノミクス発表
	12月	国家安全保障会議が発足、特定秘密保護法が成立
		靖国神社を参拝
2014（平成26）**年**		
	４月	消費税を８％に引き上げ
		防衛装備移転３原則を閣議決定（武器輸出が可能に）
		原発を重要なベースロード電源としてエネルギー基本計画を閣議決定
	５月	内閣人事局を設置
	７月	集団的自衛権の行使容認を閣議決定
2015（平成27）**年**		
	４月	「日米防衛協力のための指針」改定（地球規模で自衛隊が米軍と共同行動）
	５月	安保法制案を閣議決定
	９月	自民党総裁に無投票で再選
		安保法制が成立
2016（平成28）**年**		
	１月	マイナンバー制度始まる
	３月	安保法制を施行
	11月	南スーダンＰＫＯで「駆け付け警護」の任務付与を閣議決定
2017（平成29）**年**		
	２月	森友学園問題が表面化
	３月	南スーダンＰＫＯからの撤収を命令
		加計学園問題が表面化
	５月	初めて海上自衛隊の護衛艦が米艦艇を防護
	６月	「共謀罪」法が成立
	７月	国連で核兵器禁止条約が可決。日本は不参加
	12月	イージス・アショアの導入を閣議決定
2018（平成30）**年**		
	７月	カジノ法案が成立
	９月	自民党総裁に３選
	12月	沖縄の辺野古新基地の建設で土砂投入開始
		18大綱、中期防を閣議決定
2019（平成31）**年**		
	１月	厚労省、総務省の統計問題が浮上

自民党の議員でさえ、猫の目のように急に変わる首相の改憲理由に戸惑いを隠せません。防衛省は採用活動に役立てるため、全国の自治体に対し、主に18歳と22歳の男女を対象に、住所、氏名、生年月日などの個人情報を「紙または電子媒体」で提供するよう求めています。名簿を提出した自治体は約36％あり、約53％は住民基本台帳の閲覧や書き写しを認めています。合計すれば、９割が募集に協力しているのです。

それでも安倍首相は「６割の自治体が協力しない」との主張を変えません。自民党は首相を後押ししようと、党所属国会議員に協力要請文を渡しました。地元自治体に対し、自衛官募集に協力するよう求めろというのです。

自衛隊法と自衛隊法施行令には市町村に資料の提出を求めることが「できる」と書かれていますが、資料提出に応じる義務は記されていません。法律にないことを強要するのですから明らかに国の圧力です。やっていることは国の都合を最優先させる「国家主義」そのものではありませんか。

安倍首相はもっと以前には「7割の憲法学者が自衛隊に憲法違反の疑いを持っている状況を、なくすべきではないか」と言っていました。

安倍首相の「憲法を変えたい」という動機がコロコロと変わるのはなぜでしょう。「本当は動機なんてないのでは？」。そう疑いたくもなります。

敬愛する母方の祖父、岸信介元首相がやろうとしてできなかったことだから、「おじいちゃんに代わってぼくがやるのだ」と考えているのかも。

かつて、「戦後レジームからの脱却」「日本を取り戻す」と主張し、日本国憲法の制定に連合国軍最高司令官総司令部（General Headquarters, the Supreme Commander for the Allied Powers ＝ＧＨＱ）が協力したことに不満を示していたことからすれば、憲法を変えること自体に目的があり、実現できれば歴史に名前を残す首相になる、そう考えているのかもしれません。

可能になった集団的自衛権の行使

憲法を改正するには、国会で衆参両院議員が賛成するだけでは足りず、国民投票をおこなう必要があります。この国民投票の結果について、安倍首相は「否定されても自衛隊が合憲であることは変わらない」と言い、「肯定されても自衛隊の任務、権限は変わらない」と言います。国民投票で否定されても肯定されても何も変わらないなら、憲法改正する必要はありません。

閣議決定で憲法解釈を変更し、多くの憲法学者や野党の強い批判を浴びながらも、その憲法解釈の変更を盛り込んだ安保法制を強行採決してまで集団的自衛権行使の一部解禁に踏み切ったのが安倍政権です。

首相の狙いは、単純に憲法の文言を変えることにあるのではなく、憲法を変えることで、集団的自衛権行使を全面的に解禁し、「自衛隊＝軍隊」とすることに真の狙いがあるのではないでしょうか。

「集団的自衛権の行使」とは、「密接な関係にある国が攻撃を受け、これを自国への攻撃とみなして反撃する権利」（政府見解）のことですが、これまで政府は集団的自衛権の行使は「自衛権行使の３要件」（①急迫不正の侵害があること、②これを排除するのに他の適当な手段がないこと、③武力行使は必要最少限度にとどめるべきこと）の第１要件に合致しないので、わが国は行使できないと説明してきました。

しかし、安倍政権ではこの第１要件を変え、「武力行使の３要件」と呼び方まで変えてしまいました。自衛権行使なら「自国を守る権利を使うこと」ですが、武力行使は文字通り、「武力を使うこと」なので、より幅広い概念です。「武力を使うんだ」との決意表明のようにもみえます。

「武力行使の３要件」の第１要件は「わが国に対する武力攻撃が発生したこと、又は我が国と密接な関係にある他国に対する武力攻撃が発生し、これにより我が国の存立が脅かされ、国民の生命、自由及び幸福追求の権利が根底から覆される明白な危険があること」となっています。

密接な関係にある他国が受けた攻撃によって、日本の存立が脅かされる事態を「存立危機事態」と名付け、時の政権が「存立危機事態だ」と認定すれば、集団的自衛権を行使できるようにしたのです。

長年にわたって与野党が国会で議論し、定着させてきた憲法解釈をわずか約20人の閣僚が賛成しただけの閣議決定で変えてしまいました。

閣議決定というのは全会一致の原則があります。閣僚は首相に選ばれた人たちなので首相に異論をとなえることはめったにありません。首相が主宰する閣議で、大臣が一人ひとり、サインをすれば、それで全会一致です。

安倍首相は「神のごとき万能感」にひたったのではないでしょうか。

そう言えば、安倍首相は2019年2月6日の参院予算員会で、野党議員に統計不正に関連して「報告書を読んだか」と聞かれ、「総理大臣でございますから、森羅万象すべて担当しておりますので」と答えました。

森羅万象とは「宇宙間に存在する数限りない一切のものごと」(『広辞苑』第7版)のこと。「森羅万障を担当している」と宣言したのですから、まさに「神の領域」です。

18大綱で解禁された攻撃的兵器群

安倍首相は2020年を「憲法改正の年」との目標を掲げていますが、前年の2019年は、平成からの代替わりや参院選挙などの日程がたて込み、「憲法改正は遠のいた」とみる向きもあります。本当にそうでしょうか。

国政選挙で5連勝して、出身政党の自民党も認める「安倍一強」。クロをシロと言いくるめてきた安倍政権が簡単にあきらめるとは、とうてい思えません。

第一、憲法改正さえおこなわれなければ、それでよいのでしょうか。もうすでに特定秘密保護法、安保法制、「共謀罪」法の施行を通して、日本は十分に国家主義的な国家につくりかえられています。

国是であった武器輸出の禁止も「防衛装備移転」と言い換えて可能にしました。「武器」ではなく「防衛装備」、また「輸出」ではなく「移転」だから、たいしたことではないようにみせかけて武器の輸出を「できない」から「できる」に180度方向転換しました。

ただ、武器輸出は2014年に解禁されたにもかかわらず、たった一丁の小銃も輸出されていません。海外で売れないのは敗戦後、一度も戦争をしなかった日本の武器は戦場で使われた実績がゼロなので、信頼性がないことが理由のひとつです。

その意味では、福島第一原発事故を受けて、原発の安全対策にかかる費用が大きく膨らんだ結果、安倍首相によるトップセールスも効果を発揮せず、どの国も日本製の原発を買わない現実と通じるものがあります。

国内向けの理屈は、世界に通用しないのです。

「外交の安倍」と安倍首相周辺ははやしたてますが、ロシアとの間の北方領土問題はいっこうに進まず、朝鮮半島の非核化問題では蚊帳の外に置かれ、7年ぶりの日中首脳会談は成果らしい成果を残せず、信頼関係を築いたはずのトランプ米大統領からは軽くあしらわれていないでしょうか。

でも、国内では「安倍一強」ですから、「何でもあり」は続いています。

かつては「他国に脅威を与える」として、「政府が持てない」と断言した「大陸間弾道ミサイル、長距離戦略爆撃機、攻撃型空母」のいずれもが改定された「防衛計画の大綱」（２０１８年12月に閣議決定。以下、18大綱。同様に、例えば、２０１３年に閣議決定された防衛大綱は13大綱と記す）、自衛隊の５年間の武器買い入れ計画である「中期防衛力整備計画」（中期防）によって解禁されました。

「えっ、解禁されたのは護衛艦「いずも」を改修する空母保有だけでは？」と考える人がいるかも知れません。確かに新聞やテレビで焦点があたったのは、「いずも」の空母化ですから、そう思い込むのも無理もないのかもしれません。

18大綱、中期防を読むと「大陸間弾道ミサイル」「長距離戦略爆撃機」について、同等の機能の保有ととれる内容が巧みに潜ませてあるのです。

新設された国家安全保障会議

18大綱の特徴はさまざまあります。

その話をする前に「大綱とは何か」について説明しましょう。

「防衛計画の大綱」とは、「日本防衛のあり方を定めた指針」のことです。これまで６回、閣議決定され、施行されてきました。

最初につくられたのが１９７６年の「76大綱」でした。東西冷戦は続いていたものの、米国とソ連との間で「力の均衡」が定着し、緊張緩和が始まった頃でした。

日本は高度成長期を迎え、防衛費は右肩上がりで増えていきました。毎年、多くの戦闘機や護衛艦、戦車を買い入れ、「どこまで自衛隊は大きくなるのか」という国民の不安の声が高まった時期でもありました。

そこで、日本の防衛のあり方を示し、そのあり方に近づけるためには、どれだけ武器を持てばよいのか決めることにしました。だから、大綱の末尾には別表があり、陸海空の自衛隊の規模や武器の数量が書かれています。

この別表についての説明があります。76大綱を策定した当時の防衛庁防衛課長で後に防衛事務次官となって「ミスター防衛庁」と言われた西広整輝さんの言葉です。

「私は、あの別表に掲げた防衛力の量は、わが国が持ち得るかなり上限に近いものであると考えて結構だと思います」（１９８８年2月24日衆院予算委員会）

自衛隊は別表に書かれた隊員数、武器の量は「それ以上持ってはならない」という上限だというのです。「どこまで自衛隊は大きくなるのか」といった国民の不安に対する回答となっています。

この76大綱は、20年間の長きにわたり、維持されることになります。その後、冷戦が終わって95大綱になり、04大綱、10大綱、13大綱と続き、２０１９年４月から適用されたのが18大綱です。（防衛大綱の移り変わりは41ページの一覧表をご参照）

今回の18大綱には「国益」という言葉が登場しました。過去の大綱では一度も出てきていません。

18大綱での「国益」の表現ぶりは、以下の通りです。

「わが国は、これまでに直面したことのない安全保障環境の中でも、国民の生命・身体・財産・領土・領海・領空及び主権・独立を守り抜くといった、国家安全保障会議に示した国益を守っていかなければならない」


ここで耳慣れない固有名詞が出てきました。「国家安全保障会議」です。第2次安倍政権が誕生してから1年後の2013年12月に設置された組織です。国家安全保障会議設置法という法律をつくり、常設の協議組織を立ち上げたのです。

常任メンバーは、首相、官房長官、外務大臣、防衛大臣の4人。案件が大きくなると5人大臣を増やして9大臣会合になります。米国の国家安全保障会議（National Security Council＝NSC）をまねたので、日本版NSCとも言われます。

この国家安全保障会議の中で、わが国の安全保障問題を議論します。国家安全保障会議の設置に併せて、特定秘密保護法がつくられました。

特定秘密保護法は、外交、防衛などにかかわる特定秘密を漏洩した国家公務員を懲役10年以下の厳罰とし、特定秘密を入手した記者も入手方法によっては懲役5年以下とする情報漏えいを禁じた法律です。

取材・報道の自由が制約されかねないので、民主主義の根幹であり、憲法で認められた「知る権利」が損なわれるという大問題をはらんでいます。裏返せば、為政者にとってはまことに都合のよい「口止め法」となっているのです。

国家安全保障会議で安全保障問題について議論するには情報が欠かせず、米国から提供される秘密度の高い情報の漏洩を防ぐには、秘密保護の法制が必要というのが政府の説明でした。国家安全保障会議と特定秘密保護法は表裏一体の関係にあります。

特定秘密保護法の原点とは

特定秘密保護法をつくることになる原点は、第1次安倍政権下、日米で軍事にかかわる秘密保護協定を締結したことにあります。協定は「軍事情報包括保護協定（General Security of Military Information Agreement＝GSOMIA、ジーソミア）」と呼ばれ、2007年8月に締結されました。

それまで日米の軍事秘密の保護対象は、「日米相互防衛援助協定に伴う秘密保護（Mutual Defense Assistance Agreement between Japan and the United States of America＝MDA）法」に基づき、米国から導入した「武器技術」に限られていました。

一方、GSOMIAは違います。日本の国民すべてに軍事秘密の保護を義務づけ、漏洩を禁じる包括的な性質を持ちます。対象は自衛隊や米軍の作戦計画、武器技術などあらゆる軍事分野におよび、口頭、文書、写真、録音、手紙、メモ、スケッチなどすべての伝達手段による漏洩を禁じています。

１９８０年代には、ＧＳＯＭＩＡの締結をめぐり、国会で論戦がありました。中曽根康弘政権で世論の反対で廃案になった「国家秘密法案（スパイ防止法案）」の二の舞になるのを恐れた政府は「このような協定を結ぶつもりも意図も全くないということに尽きる」（１９８８年5月17日衆院内閣委員会、岡本行夫外務省安全保障課長）と答弁し、ＧＳＯＭＩＡの締結を否定しました。

方向転換したのは、２００３年12月に小泉純一郎政権が米国からミサイル防衛システムを導入すると閣議決定したことがきっかけです。

このシステムは、銃弾を銃弾で撃ち落とす神業のような仕掛けです。１９８０年代のレーガン政権当時に研究・開発が始まり、米国は約10兆円もの巨費を投じました。２００２年のブッシュ政権でようやく実戦配備にこぎつけたのです。

これにより、米国は冷戦当時にソ連との間で結んだ「弾道弾迎撃ミサイル禁止条約（Anti-Ballistic Missile Treaty ＝ＡＢＭ条約）」から一方的に離脱を表明し、２００２年6月13日に同条約から正式脱退しました。

ＡＢＭ条約は、米ソの「無限の核軍拡競争」に歯止めをかける狙いがあったので、同条約の破棄は、核軍拡の再開に道を開く可能性がありました。

現に米国とロシアとの間で一度は調印された第２次戦略核兵器削減条約（Strategic Arms

Reduction Treaty Ⅱ＝ＳＴＡＲＴⅡ）は有名無実化します。その穴埋めとして、米ロは、核軍縮のためのモスクワ条約、新ＳＴＡＲＴを成立させることで、何とか核軍縮の方向性だけは維持してきました。

しかし、ＡＢＭ条約の脱退から17年近く経過した２０１９年2月1日、トランプ米大統領は、今度はやはり旧ソ連との間で結んだ「中距離核戦力全廃条約（Intermediate-Range Nuclear Forces Treaty＝ＩＮＦ条約）」の破棄をロシアに通告、半年後、ＩＮＦ条約は失効することになりました。

米国が条約を破棄した理由は、ロシアはＩＮＦ条約を締結していながら中距離核ミサイルの開発を再開した疑いがあること、中国が同条約に参加していないので不満であることなど複数あるものの、そもそもＡＢＭ条約という軍縮条約から最初に離脱したのは米国です。「他国の弾道ミサイルは迎撃して無力化し、自国の弾道ミサイルは撃ち込めるようにしよう」などという虫のよい話が通るはずがありません。

ミサイル防衛システム導入でＧＳＯＭＩＡ締結

日本はミサイル防衛システムの導入を２００３年12月に閣議決定しました。システムを構成するのは、もちろん米国製の武器類です。「攻撃ミサイル」ではなく「迎撃ミサイル」なので、「専守防衛」の国是にかなっているようにみえますが、15年が経過して閣議決定された18大綱、中期防で「敵基地攻撃」能力の保有が打ち出されたのをみると、「守りを固めて攻撃に出る準備」となったことがわかります。

ミサイル防衛システムは「本当に弾道ミサイルを迎撃できるのか」といった本質的な問題を抱えています。しかし、どこかの国が日本に向けてミサイルを発射し、これを迎撃する場面が現れるまで実際の効果は、誰にもわかりません。

専門家は机上の計算によって効果の有無を推測しているはずですが、机上の計算と現実にはずれがあります。

確実なのは米国から導入したミサイル防衛システムに日本政府はすでに2兆円近くを投じているという事実です。費用対効果は議論されてしかるべきですが、政府が軍事にどれほど巨額の費用を投じても、その是非が問われることはまずありません。

不勉強なのか、防衛上の秘密が多いせいか、野党の追及は抽象論や感情論になりがちで、政府の武器購入に歯止めがかけられません。これまで取材で会った野党議員の中には、政府方針に反対すると、「安全保障政策に後ろ向きとみられる」と思い込んでいる人もいました。

武器を売り込みたい米国にとって、日本は天国のような国なのです。

もうひとつ確実なのは、ミサイル防衛システムは、米国の全面的な協力なくして成立しないという事実です。弾道ミサイルの動向を探知する偵察衛星は米政府が保有し、またミサイル発射の熱を探知する早期警戒衛星は世界で米国しか打ち上げていません。だから、「米国の情報」

がないと使いものにならないのです。

言い方を変えれば、「対米追従のシンボル」と言えるのですが、日本政府は導入を決定することにより、さらに米国に追従していく道を選びました。

導入の決定後、久間章生防衛庁長官が米国に地対空迎撃ミサイル「Patriot Advanced Capability3＝PAC3」の国内生産を打診し、2005年3月には日米で了解覚書を交わして国内最大手の防衛産業、三菱重工業での生産が始まりました。

次に日米はミサイル防衛システムの日本への売却をめぐり、高度な秘密を日米で共有する以上、具体的な秘密保護策が必要だとの認識で一致します。2005年10月、自衛隊と米軍の一体化を打ち出した米軍再編中間報告に「共有された秘密情報を保護するために必要な追加的措置をとる」と書き込まれました。

具体的に事態が動いたのは第1次安倍政権下の2007年1月でした。防衛省情報本部の1等空佐が秘密漏えいの疑いで自衛隊警務隊の事情聴取と家宅捜索を受けたのです。南シナ海で中国潜水艦が火災を起こし、航行不能になったとの読売新聞記事の情報源とみなされてのことでした。

この捜査が不自然なのは、報道から実に1年8カ月も経過していた点にあります。読売新聞の記事と同じ頃、朝日新聞が「極秘」の「防衛警備計画」を報道しました。

防衛庁は警務隊に対し、読売、朝日両新聞を同時に告発したにもかかわらず、朝日の記事に対する強制捜査はなく、読売の記事だけが狙い撃ちにされたのです。

当時、自衛隊幹部は「米国から提供された情報か否かが判断の分かれ目。読売新聞には米軍の通信傍受で分かった情報が書かれている」と話し、恣意的な捜査がおこなわれたことをうかがわせました。

事情聴取後の同年5月、日米はGSOMIAの締結で合意し、8月には締結と、長年の懸案が驚くべきスピードで決着していきます。

このタイミングで強制捜査に踏み切ったのは、「秘密保護が必要」と国民にアピールする「見せしめ」だったのではないのか、そんな疑いが消えません。

国会では秘密保護法の制定につながるとの懸念が示されましたが、政府は「国内法の整備は必要ない」（2007年5月7日衆院特別委員会、久間章生防衛相）とかわしました。

GSOMIAは国会の批准が必要な条約ではなく、行政協定という軽い扱いだったせいか、野党の追及はほとんどなく、新聞による批判も目立ちませんでした。「これは逆風にはならない」と風向きを読んだのでしょう、政府は「情報保全法制の在り方に関する検討チーム」を発足させ、同チームは民主党政権に代わった後も引き継がれ、第2次安倍政権になって特定秘密保護法案に昇華していったのです。

安倍首相は第1次安倍政権で、これまであった安全保障会議の頭に「国家」をつけた安全保障会議設置法改正案を国会に上程しましたが、安倍氏の退陣後、後任の福田康夫首相が廃案としたので、日の目をみませんでした。

安倍首相の再登板により、国家安全保障会議と特定秘密保護法は誕生したのです。米国からの「マル秘情報」を日米で共有するためにGSOMIAを締結したのだから、情報の受け皿になる国家安全保障会議を設立したり、特定秘密保護法を制定したりするのは、当然の帰結だという理屈なのでしょう。

民主主義を支える「知る権利」への配慮などどこ吹く風。「『国の都合』を最優先してどこが悪い」という国家主義に傾斜する姿勢がみてとれます。

国家安全保障会議の結論は「特定秘密」

GSOMIAが締結されて、米国のマル秘の軍事技術が提供され、日本の防衛産業でも米軍の最新兵器の生産や修理ができるようになりました。

米国製のF35A戦闘機の国内組み立ては、その典型例です。F35Aの国内生産をきっかけに安倍政権は武器輸出三原則を見直し、武器輸出を解禁したのです。

「日本を取り巻く安全保障環境がますます悪化している」と言って憲法解釈まで変えた安倍政権が、武器を海外に輸出して安全保障環境をますます悪化させようというのですから、まるで漫画です。

安全保障上、公表できない情報があるのは当然です。しかし、特定秘密保護法を制定した2013年までの15年間で公務員による主要な情報漏えい事件は5件しかありませんでした。2

００1年に自衛隊法が改正され、情報漏えいの罰則を懲役1年以下から5年以下に重くした抑止効果が出ていたと言えます。

安倍首相は「（読売新聞報道の）中国潜水艦に関わる事件以外は、特定秘密に該当しない」と述べましたが、そんな重要な情報を漏らした疑いのある1等空佐は結局、起訴猶予となり、刑罰を受けることはありませんでした。

結局、罪に問われるほどの情報漏えいではなかったのです。にもかかわらず、この事件をきっかけにして特定秘密保護法がつくられたのです。

すると、どうでしょう。政府による「情報の囲い込み」が始まったのです。国家安全保障会議の結論を特定秘密にしているのも、「行き過ぎ」の例のひとつです。

日米で合意した「共有された秘密情報を保護する」を飛び越えて、保護対象を無限定に拡大するのは明らかに行き過ぎています。

衆院情報監視審査会の年次報告書によると、特定秘密保護法が施行され、国家安全保障会議が秘密指定をした２０１４年12月以前に合計28回あった４大臣会合の結論は「すべて特定秘密に該当」となっています。

その後の４大臣会合で得た結論の中には秘密指定されなかった例はあるらしいものの、肝心の回数や内容は示されていません。

国家安全保障会議は４大臣会合を中心に9大臣会合も含めれば、２０１３年7回、14年32

回、15年34回、16年46回、17年46回、18年17回開催されています。テーマは北朝鮮情勢、アジア情勢、中東情勢といった海外の案件のほか、我が国をめぐる安全保障環境、自衛隊による南スーダンの国連平和維持活動（United Nations Peacekeeping Operations＝ＰＫＯ）など国内情勢や自衛隊の活動など広い範囲にわたります。

そこで得た結論が特定秘密であり続ける限り、国民が国家安全保障会議で何が語られているか、中身を知る日は、永遠に訪れることはなく、政府のやりたい放題は広がる一方なのです。

変えられた教育基本法

国家安全保障会議は２０１３年12月に外交、防衛の基本方針である「国家安全保障戦略」を打ち出し、閣議決定されました。同名の戦略が米国にもあり、日本版ＮＳＣと同じく米国のまねごとです。

わが国の国家安全保障戦略は、安倍首相が提唱した、自衛隊を積極的に活用して国際平和に貢献する「積極的平和主義」を取り込み、中国の台頭を「国際社会の懸念事項」として対中警戒論を盛り込んでいます。

国家安全保障戦略には、守るべき「国益」が５つ書かれています。

例えば、「わが国自身の主権・独立を維持し、領域を保全し、我が国国民の生命・身体・財産の安全を確保すること」。ごく当たり前のことです。

考えてみれば、「防衛計画の大綱」というのは、およそすべてわが国の安全にかかわることが書かれていますから、大綱を実行するのは「国益」を守ることそのものなのです。だから、過去の大綱ではあらためて「国益」という言葉を使わなかったのだと思います。

しかし、安倍政権になって国家安全保障戦略をつくり、その中で守るべき「国益」を明記した以上、その下位にある大綱にも反映する必要が出てきたということです。

国家安全保障戦略には、守るべき「国益」の中に「豊かな文化と伝統」というのがあります。いかにも安倍首相らしい「安倍カラー」と言えるでしょう。

振り返れば、第1次安倍政権で安倍首相が最初にやったのが教育基本法の改正でした。教育基本法は他の法律とその性格をまったく異にしています。学校教育を通じて、日本国憲法の理念を国民に根付かせるための特別な法律なのです。

日本国憲法は第26条で「教育を受ける権利、教育の義務」について規定し、教育基本法は憲法に則って教育の目的を明示していました。憲法と教育基本法は密接不可分の関係ですが、憲法改正したい安倍首相にとって教育基本法は邪魔者でしかありません。そこで法律の中身をがらりと変えたのです。

安倍政権が改正した現行の教育基本法は「愛国心」を教育の目標の一つに掲げ、「教育の目標」をかかげた第2条には「伝統と文化を尊重し、それらを育んできた我が国と郷土を愛する」とあります。

国家安全保障戦略が「国益だから守るべき」とした「豊かな伝統と文化」と同じです。また「豊かな情操と道徳心を培う」など道徳の教科化につながる項目があり、育成されるべき国民の姿が示されています。

愛国心を養い、国家の期待する通りの道徳心を持った国民を育成すれば、時の政権がひとたび「国難」とさかんに言いふらす事態に至った場合、身の安全をはかるより、国の都合を優先させて戦争の危険の中に飛び込んでいく国民となることでしょう。

教育基本法の改定を経て、国家安全保障戦略をつくり、18大綱の策定に至るまで実に17年。ついに日本は「「国益」を追求する国家」となったのですが、ここは正確に言わなければなりません。「安倍首相が理想とする「国益」、それを追求する国家」となったのです。

第2章

防衛大綱からみえる自衛隊の変化

「湾岸戦争のトラウマ」のウソから始まった自衛隊の人的貢献

大綱についておさらいをします。

1976年に閣議決定された最初の76大綱のスローガンは「基盤的防衛力構想」でした。国民の間に浸透した標語だと思います。

東西冷戦が継続中とはいえ、国際情勢は緊張緩和に向かっていました。そこで76大綱は「わが国に対する軍事的脅威に直接対抗するよりも、自らが力の空白となってわが国周辺地域における不安定要員とならないよう、独立国としての必要最小限の基盤的防衛力を保有」（2018年版防衛白書）することにしたのです。

必要最小限という言葉を使い、防衛力が大きくなりすぎないよう配慮されていることがわかります。平時には十分な警戒態勢をとりつつ、限定的な小規模侵攻には独力で対応できる能力を保持するというのです。万一、日本が侵攻される危険が高まり、防衛力が不足する事態には「新たな防衛力の態勢への移行」、いわゆる「エキスパンド条項」（防衛力を拡大、強化する）も書かれていました。

76大綱のもとで起きたのが、1989年の東西冷戦の終結、1991年のソ連の崩壊という76大綱の前提を覆す、国際情勢の大転換でした。地域の不安定さが増し、1991年にはク

「防衛計画の大綱」の移り変わり

７６大綱（1976年・昭和51年） 「基盤的防衛力構想」…独立国として必要最小限の基盤的な防衛力を保有 （背景）①東西冷戦は継続するが米ソの緊張緩和、②国民に防衛力の目標を示す必要性
９５大綱（1995年・平成７年） 「基盤的防衛力構想」を基本的に踏襲…我が国防衛に加え、自衛隊の海外活動 （背景）①東西冷戦の終結、②不透明・不確実な要素がある国際情勢
０４大綱（2004年・平成16年） 「多機能・弾力的防衛力」（基盤的防衛力構想は継承）…新たな脅威に対応し、海外活動に主体的かつ積極的に取り組む （背景）①国際テロや弾道ミサイルなどの新たな脅威、②抑止重視から対応重視に転換
１０大綱（2010年・平成22年） 「動的防衛力」（基盤的防衛力構想は廃止）…中国対処としての南西防衛・島しょ防衛 （背景）①民主党政権下での大綱、②国際社会における軍事力の役割の多様化
１３大綱（2013年・平成25年） 「統合機動防衛力」…米軍との連携の必要性から、統合運用の徹底 （背景）①米国のアジア太平洋へのリバランス、②各種事態にシームレスに対応
１８大綱（2018年・平成30年） 「多次元統合防衛力」…新領域への対応を目隠しに、「敵基地攻撃」能力を保有 （背景）①安保法制による専守防衛からの逸脱、②宇宙・サイバー・電磁波といった新領域の拡大

ウェートに侵攻したイラクを米軍を主力とする多国籍軍が排除する湾岸戦争が起こりました。国内においては、1995年に阪神淡路大震災と地下鉄サリン事件が発生します。

自衛隊にも大きな変化がありました。政府は湾岸戦争が終わった後のペルシャ湾に海上自衛隊の掃海艇など6隻を派遣し、機雷の除去を命じました。これが自衛隊にとって最初の海外への部隊派遣にあたります。

湾岸戦争と日本との関わりをめぐっては、今なお語り継がれるエピソードがあります。湾岸戦争が継続していた頃、米国から自衛隊の掃海艇派遣の要請があったものの、日本政府は「機雷の除去は武力行使になり得る」との判断から派遣を見合わせました。

その代わり、130億ドル（当時のレートで1兆7000億円）という巨費を拠出したのです。ところが、戦争が終わり、1991年3月にクウェート政府は米国など30カ国に謝意を示す広告を米紙に掲載しましたが、その中に日本の名前はありませんでした。

この事実が長年、自民党を中心に「カネだけではだめだ」と人的貢献の必要性が叫ばれる根拠となり、「人的貢献＝自衛隊の海外派遣」へとつながっていきます。

ところが、実は130億ドルの大半が多国籍軍の中核を成した米国に戦費として支払われていたことがわかっています。

国会で使途が公表された追加分90億ドル（同1兆1800百億円）の内訳をみると、米国へは1兆790億円渡りましたが、クウェート政府に渡されたのは約6億3000万円だけ。本来の目的である「クウェートの戦後復興」にはあまり回っていないのですから、感謝の広告に日本の名前がないのもうなずけます。

しかし、感謝の広告に日本の名前がないことが「湾岸戦争のトラウマ」として国内に広まり、自衛隊の海外派遣を柱にする国連平和維持活動（ＰＫＯ）協力法が１９９２年６月に成立する原動力となりました。

その後も、人的貢献の必要性を示すキャッチフレーズとして、政府・自民党が何度も使ったのが、この「湾岸戦争のトラウマ」という言葉です。

２００１年９月の米同時多発テロ直後、外務省は「湾岸戦争のトラウマを繰り返してはならない」と主張。インド洋に海上自衛隊を派遣するテロ対策特別措置法はわずか1カ月の国会審議でスピード成立しました。

自衛隊をイラクに派遣するイラク特別措置法の国会審議でも「湾岸戦争のトラウマ」が語られ、自衛隊の海外活動を拡大するエネルギー源としての命脈を保ち続けています。フェイクニュースが真実を脇道に追いやる場面は、政治や外交の世界では珍しくないのです。

ＰＫＯ協力法の施行とともに陸上自衛隊は６００人の隊員をカンボジアＰＫＯへ派遣。自衛隊のありようが大きく変わっていきました。

そこで、自衛隊の活動実態に合わせ、世界の情勢変化を盛り込んだ95大綱が策定されます。

冷戦当時、西側の一員としてソ連の日本侵攻や太平洋進出を食いとめる「西太平洋の防波堤」の役割だった自衛隊は、「基盤的防衛力」構想を基本的に踏襲しながらも「地域の安定に寄与」していくことになります。

「存在する自衛隊」から「機能する自衛隊」への転換です。「ソ連に対する抑止力として日本に存在すればよいのだ」という自衛隊が、冷戦が終わったのだから「地域の安全保障に相応の役割を果たすべきだ」という米国の要請を受けて、海外展開する自衛隊へと変わっていったのです。

日米安保条約の本質を見抜いた「ミスター外務省」

冷戦後、日本は現在とはまったく異なる安全保障政策を持つチャンスがありました。

1994年8月、社会党出身の村山富市首相のもとで有識者を集めた「防衛問題懇談会」（防衛懇）が設置され、「日本の安全保障と日本のあり方」と題した答申をまとめました。日米を柱にしてきた日本にしては珍しく、国連を中心にした「多角的安全保障」という新しい概念を打ち出したのです。「平和憲法を持つ「特別な国」（筆者注・つまり日本）が新しい国際秩序の礎になることを目指すべきだ」という、とても新鮮な内容でした。

しかし、日米の安保態勢についての記述が二番目となったことで思わぬ反発を招くことになります。

「日本の米国離れ」とみた米国は翌1995年、「東アジア戦略報告」をまとめ、アジア太平洋に米軍のプレゼンスが不可欠と強調。すると、米国に応えるように防衛庁は同年のうちに、日本周辺の地域や国々で起こる有事、すなわち「周辺事態」の概念を盛り込んだ95大綱をつくり、防衛懇の答申をあっさり無視して日米安保態勢の強化に論点を移してしまったのです。冷戦後も日米安保こそが最良の選択肢であることを示したことにより、国連を中心にした安全保障政策は跡形もなく、消えてしまいました。

日米関係を決定づけているのは日米安全保障条約です。

その本質について、外務事務次官、駐米大使を務め、「ミスター外務省」と呼ばれた村田良平氏は『村田良平回想録』（２００８年、ミネルヴァ書房）の中で、その本質を見抜いた論評をしています。以下の通りです。

「１９５２年４月発効のいわゆる旧安保条約は、日本を占領している米軍が、敗戦とともに占領も占領目的で抑えていた日本国内の諸基地のうちこれはというものを、そのまま保持することを合法化する目的でのみ締結されたものであるといえる。１９６０年の現行安保条約は、いくら何でも旧安保の内容はひどすぎるとして改定を求めた日本側の当然の要求にもとづいた交渉で、米国が最低限の歩み寄りを行った結果である。

この条約もその本質において、米国が日本国の一定の土地と施設を占領時代同様、無期限に貸与され、自由に使用できることを骨格としていることは何人も否定できないところである。これらの基地の主目的は、もとより日本の防衛にあったのではなかった。

日米安保条約は、国際情勢は著しく変わったのに、一度も改正されず、締結時からすでに48

年も経っている。一体いつまでこの形を続けるのか。（中略）
思いやり予算の問題の根源は、日本政府の「安保上米国に依存している」との一方的な思い込みにより、その後無方針にずるずると増額してきたことにある。米国は日本の国土を利用させてもらっており、いわばその片手間に日本の防衛も手伝うというのが安保条約の真の姿である以上、日本が世界最高額の米軍経費を持たねばならない義務など本来ない。もはや「米国が守ってやる」といった米側の発想は日本は受けるべきではないのだ。（中略）
なぜに沖縄をも含む日本における米軍の基地についても、もっと日本の本当の要求を出さないのか。首都圏の空域管制を米軍の横田基地が過去60年以上続けて来たという国辱的異常事態が、なぜ放置され、どの内閣も最近までこれを問題視しなかったのか。（中略）
現在起こりつつある（米軍再編の）変化は、日本国民に覚悟を要求する変化であるのに、現状のままずるずる物事が進めば、日本は人（自衛隊）と財（資金）的貢献の双方で米国の要求への従属性が一層高まるだけとなるだろう。自尊心を保つためには、米国との「良識を超えた特殊関係」ではない日本の方がよいと考えるべきではないのか。その溝があまりに大きければ、日米安保条約廃棄のリスクを取るほかない」（引用：『日・中・韓「準同盟」時代』近藤大介著）
村田氏は、翌２００９年に有事の際の沖縄への核持ち込みを認めた日米核密約を暴露し、２０１０年に80歳で亡くなりました。老いた外務官僚の良心の叫びは胸に迫ります。

イラクでの米兵空輸で違憲判決を受けた自衛隊の活動

95大綱のもとで起きたことを振り返ります。まず98年に北朝鮮がテポドンを発射、日本海上空から東北地方上空を横断して太平洋に落ちました。

日本国内はミサイルが日本列島を横断したことに衝撃を受けます。これをきっかけに政府は米国から提供されるだけだった偵察衛星の画像を自前で保有することを決め、事実上の偵察衛星にあたる「情報収集衛星」を打ち上げました。

「偵察衛星」としなかったのは1969年の国会決議で「宇宙の平和利用」を定め、自衛隊の衛星利用などを制限してきたためです。しかし、実際には情報収集衛星が撮影した画像の9割は自衛隊が活用していると言われています。

カメラで地上を撮影する光学衛星2機、夜間や曇天でも熱を探知して撮影できる赤外線衛星2機です（現在は7機態勢）。これにより、1日1回は北朝鮮の上空を通過し、ミサイル基地などの撮影ができるようになりました。情報収集衛星の保有にともない、防衛庁の敷地に隣接して「内閣府衛星情報センター」も設立されました。

米国は最初、日本が情報収集衛星を保有することに強く反対しましたが、途中から賛成に転じました。偵察衛星の技術は難しいので、「自前で持てるものなら、やってみればよい」という余裕からだと言われています。

米国の「KH11」「KH12」と呼ばれる偵察衛星の解像度は10センチ四方以下とされ、男女の性別なども判別できると言われますが、日本の情報収集の衛星の解像度は1メートル四方程度と言われています。これでは商業衛星と同程度なので、結局、米国から提供される画像が必要、つまり最後は米国頼みであることに変わりはないようです。

ただ、情報収集衛星が撮影した画像はこれまで1枚も公表されていません。すべて秘密に指定され、特定秘密保護法が制定されて以降はすべて「特定秘密」に指定されているからです。

2001年には、米国で同時多発テロがあり、米国は報復として、過激派武装集団「アルカイダ」を犯人と決めつけ、アルカイダを支援していたイスラム原理主義「タリバン」の率いるアフガニスタンへの攻撃を始めました。

日本は、米国を支援する目的で「テロ対策特別措置法」を制定し、インド洋に海上自衛隊の補給艦を派遣し、9年間にわたり、米軍艦艇などの11カ国の他国軍艦艇に対して燃料を洋上補給しました。

次に米国は2003年、「フセイン政権が大量破壊兵器を隠し持っている」(ブッシュ大統領)と今ではウソと判明している理由でイラク戦争を始めます。小泉純一郎首相が世界に先駆けてこの戦争を支援したところ、米国から「boots on the ground(陸上自衛隊を派遣せよ)」(ローレス国防次官補代理)との命令に近い要請を受けて、今度は「イラク特別措置法」を制定し、イラクに陸上自衛隊を2年半、また航空自衛隊をクウェートに5年間、派遣しました。

陸上自衛隊はＰＫＯでおこなっているような施設復旧などの人道支援活動に徹しますが、「非戦闘地域」に派遣されたにもかかわらず、２年半の間に13回22発のロケット弾攻撃を受けました。奇跡的に死傷者はなく、派遣を命じた小泉首相は「成功」と位置づけます。

この「非戦闘地域への派遣が成功」で終わったことを受けて、安保法制では「戦闘地域への派遣」が合法化されます。「現に戦闘行為がおこなわれている現場以外」であれば、戦闘地域への派遣であってもかまわないというのです。

戦場の実情を知らない者の空論というほかありません。戦場では状況が刻々と変化することも珍しくなく、午前中に占領していた地域が午後には敵に奪われることもあります。戦闘地域での活動は危険に身をさらすことを意味します。

戦闘地域で想定される自衛隊の活動は、弾薬、燃料、食料などの提供のほか、武器の輸送などの後方支援です。

「後方とあるから安全だろう」と考えると大間違い。太平洋戦争で軍に徴用され、南方へ兵士や物資を運んでいた民間船舶は米軍の潜水艦の餌食になり、次々に撃沈されて、船員の死亡率は43％にも達しました。実に２人に１人が亡くなったのです。安保法制の施行により、自衛隊は米軍など他国軍の後方支援を実施するために危険に身をさらされることになりました。

話を戻します。

イラクに派遣された陸上自衛隊は、２００６年７月には撤収、陸上自衛隊の要員や支援物資を空輸していた航空自衛隊は運ぶものがなくなりました。本当は陸上自衛隊と一緒に撤収したかったのですが、米国が認めませんでした。

航空自衛隊は武装した米兵をイラクの首都バグダッドへ空輸するようになります。

日本政府は航空自衛隊の活動について、「国連職員や国連物資を中心に運ぶ」と国民にウソをつきます。空輸の中身は非公開とされ、情報公開請求しても開示された文書は黒塗りで中身はわかりません。

しかし、防衛省は空輸の中身を公表するよう求めていた民主党が選挙で政権を取る直前の2008年7月になって空輸の中身を公表しました。

それによると、空輸した人員4万6479人のうち、国連職員は2799人でした。米兵は2万3727人で全体の約51%にあたり、米兵のための空輸だったことが明らかになりました。

この空輸活動は2008年4月、名古屋高裁から「航空自衛隊の空輸活動は米軍の武力行使と一体化していて憲法違反」と断定されます。政府は「違憲判決は傍論部分に過ぎない」として空輸活動を続行させますが、判決から8カ月後の2008年12月、航空自衛隊は活動を終え、撤収しました。

あらためて強調しておきます。イラク空輸の際、「違憲」とされた米兵空輸のような「戦闘地域における米軍の後方支援」が、安保法制によって合法化されているのです。

日本政府があおる「北朝鮮の脅威」

米国はこの2つの戦争を通じて「テロとの戦い」を本格化させていきます。自衛隊も対米支援の目的からテロ対処に力を入れたので、04大綱ができます。

スローガンは「多機能・弾力的防衛力」。対テロ作戦への自衛隊の活用をうたいましたが、表面化してきたのはテロの危険ではなく、北朝鮮の核・ミサイル開発でした。

2006年、北朝鮮は初めて核実験をおこないました。また、この年から盛んにミサイルの試射なども繰り返しおこなわれるようになりました。

政府は「北朝鮮の脅威」を大きく取り上げ、あたかも北朝鮮が日本攻撃を目的に核・ミサイル開発を急いでいるかのような印象を国民に与えました。

北朝鮮は核・ミサイル開発を続ける理由を以下のように説明しています。

「イラク、リビア事態は、米国の核先制攻撃の脅威を恒常的に受けている国が強力な戦争抑止力を持たなければ、米国の国家テロの犠牲、被害者になるという深刻な教訓を与えている」(2013年12月2日「労働新聞」)

「米国の敵視政策の清算は、わが共和国に対する自主権尊重に基づいて米朝間の平和協定を締結し、各種の反共和国制裁と軍事的挑発を終えるところからまず始めるべきである」(2013年7月2日第20回東南アジア諸国連合(ASEAN)地域フォーラム(ARF)閣僚会合、北朝鮮

の朴宜春（パク・ウィチュン）外相の演説）

つまり、核・ミサイル開発は米国に攻撃され、指導者が殺害されるなどしたイラクやリビアの二の舞にならないための「強力な抑止力」というのです。そして、米国との間で平和協定の締結を求めています。

平和協定の締結は、2018年5月、シンガポールで初めて開かれた米朝首脳会談で金正恩（キム・ジョンウン）朝鮮労働党委員長も主張しています。しかし、「核放棄が先だ」とするトランプ米政権との協議は遅々として進まず、朝鮮半島非核化の目標はなかなか達成できないままです。

中国が海軍力強化に乗り出した理由とは

04大綱の最中の2008年に民主党政権が誕生しました。民主党としては、初めて政権政党となり、安全保障のあり方も見直すとして10大綱をつくりました。10大綱は自民党以外の政党がつくった大綱ということです。

ここでは「動的防衛力」という言葉が生まれます。76大綱から引き継がれてきた「基盤的防衛力」は10大綱をもって、その役割を終えるのです。

軍事力を強める中国を意識して、「南西防衛・島しょ防衛」を打ち出しました。中国を事実上の仮想敵とみなして、沖縄や鹿児島の離島が攻撃された場合を想定して、自衛隊のあり方を

アメリカから大量購入する水陸両用車「ＡＡＶ７」。
実際には使い物にならないとの懸念がある（米海兵隊のＨＰより）

変えていこうというのです。なかでも陸上自衛隊は冷戦時代の北方重視（ソ連対処）から、南方重視（中国対処）へと大きく変化します。

実は10大綱で、陸上自衛隊は一人負けしました。

海上自衛隊は潜水艦や護衛艦の増強が認められ、航空自衛隊は那覇基地へ戦闘機部隊を追加配備する強化策が認められました。それに対し、陸上自衛隊は財務省との間で定員増減で揉め続けた結果、１０００人を削減され、「大規模侵攻は起きない」とされて、最初の76大綱と比べて戦車、大砲を3分の1に減らされました。

起死回生の生き残り策が「南西防衛・島しょ防衛」を受けて、陸上自衛隊の部隊を「南西シフト」とすることでした。沖縄などの離島に、あらたに部隊を配備し、いざという時には本土の部隊も離島に送り込むのです。

離島防衛の大義名分のもと、自衛隊版海兵隊と呼ばれる「水陸機動団」を長崎県佐世保市に新設することとし、垂直離着陸輸送機「オスプレイ」や水陸両用車「ＡＡＶ７」といった米海兵隊が持っているのと同じ武器を買い揃えて、中国が攻めてくる「その日」に備えることにしました。

では、中国は離島の占領を考えているでしょうか。

中国が軍拡路線を突き進むのは、歴史の必然と言えます。１９８９年に中ソ和解が成立し、「北方の脅威」が消えると、中国の関心は当然のように、「未知の外洋」へと移りました。

中国海軍は日本から台湾、フィリピンに至るまでを「第一列島線」と称し、自国の艦船が安全に航行できる近海とみなしています。その外側の小笠原諸島からグアム、サイパンまでのつながりを「第二列島線」として、米国の攻撃からの防衛ラインと考えています。

第2次世界大戦後、太平洋を支配してきたのは米国であり、その太平洋の手前には台湾があります。この台湾のほか、新疆ウイグル、チベットなどの独立問題を中国は「核心的利益」と表現し、その独立阻止に全力を挙げています。

１９９２年の共産党第14回全国代表大会で江沢民総書記は「海洋主権の擁護」を軍の主任務に繰り入れ、同時に台湾の独立阻止へと動き出すことになりました。

1980年代から軍の近代化を始め、量から質への転換を図りつつあった時機と重なります。海軍、空軍の近代化を急ぎ、ロシアからスホイ27戦闘機を76機購入すると同時に国内工場でも2002年までに32機を生産、また対艦攻撃ができるスホイ30戦闘機は同年までに57機がロシアから納入されました。

1996年にロシアと契約を結んだソブレメンヌイ級駆逐艦は2隻とも引き渡され、さらに2005年までに2隻を追加購入しています。ソブレメンヌイ級駆逐艦にはマッハ2以上で高速飛行する対艦ミサイル「モスキート」が搭載され、米空母に対する攻撃兵器として想定されています。

また、2002年には静粛性に優れ、探知が困難なキロ級潜水艦をロシアから8隻買い入れる契約を結び、2006年に合計12隻となりました。キロ級潜水艦にも空母などを攻撃できる対艦ミサイル「クラブ」が搭載されています。

対艦攻撃が可能な戦闘機に、対艦ミサイルを搭載した駆逐艦と潜水艦。艦隊攻撃能力の保有を明確にした軍事力強化が指し示すものは、世界一の海洋国家、米国への対抗以外の何ものでもありません。

米国に対抗することになった動機は、明確に指摘することができます。

1996年3月、初の台湾総統直接選挙がおこなわれ、台湾独立を目指すとされる李登輝氏が立候補していました。台湾は「核心的利益」のひとつですから、中国にとって台湾独立はなんとしても止めなければなりません。

そこで中国は李登輝氏の当選阻止を図り、選挙に合わせてミサイル発射訓練をおこないました。江西省から東シナ海に面した福建省に運ばれた弾道ミサイル「東風11」「東風15」は、同年3月8日から15日までに計4発が発射され、台湾北部の基隆沖合に1発、南部の高雄近海に3発が落下しました。

訓練はさらに台湾海峡南部へ向けた実弾砲撃訓練、福建省での三軍協同渡海・上陸演習へと続き、中国が台湾を軍事統一する場合の手順を展示し、台湾を威嚇し続けたのです。

この時、台湾との間で軍事条約を結んでいる米国は空母「インディペンデンス」を主力とする空母艦隊9隻を横須賀から台湾へ向けて派遣、さらに中東に展開中だった原子力空母「ニミッツ」主力の空母艦隊8隻に台湾への進出を命じ、空母2隻を中心とする米艦艇17隻が展開する事態となりました。

米国務省のクリストファー長官は米国のテレビ番組に出演し、「台湾問題を武力で解決しようとするなら、アメリカとの間で重大な事態を招く」と強い調子で中国に警告し、艦隊派遣は中国への牽制であることを示唆しました。

これに対し、中国は軍事訓練の中止を条件に空母が台湾海峡に入らないよう要請、米国が同意して台湾海峡危機は終息しました。

「内政問題」と位置づける台湾問題に米国の介入を許したことを重大視した中国は、この年から米空母を攻撃できる戦闘機や駆逐艦などの武器体系を揃えていくのです。

このように中国が海軍力、空軍力を強化するのは、台湾を軍事的に支援する米国に対抗する狙いがあるためです。

現在では周近平国家主席が打ち出した外交・経済圏構想「一帯一路」の実現のため、中国を出発して欧州までの間にある東南アジア、アフリカ、東欧までを影響下に入れることも軍事力強化の背景となっています。

いずれにしても、日本人が普通に生活し、中国からの観光客も多い石垣島や宮古島を占領する意図が中国にあるとは、とうてい思えません。

尖閣諸島の領有権をめぐる日中の対立こそありますが、無人の岩島の取り合いをめぐり、戦争を起こすのは無駄なコストなので現実的ではありません。

しかし、「敵」がいないとなれば、とたんに防衛費は削減され、武器や隊員も減らされるのは自明ですから、「日本に対する脅威」を探すことに防衛省・自衛隊も熱心にならざるを得ないのです。

その「脅威」に立ち向かう毅然とした政治家を演じれば、有権者の支持を集められるはず、そう信じている国会議員も少なからずいるので、「敵を求める旅」は永遠に終わらないのです。

米国の北朝鮮への空爆検討で求められた対米支援

10大綱のもとでは、2011年に東日本大震災があり、福島第一原発の事故がありました。2012年は、尖閣国有化をめぐって日中の対立が鮮明化しました。

2012年12月に安倍政権が再び誕生し、翌年、13大綱が安倍政権のもとでつくられます。13大綱の「統合機動防衛力」は「動的防衛力」を踏襲したと言えます。米軍との連携や台頭する中国に対して対抗していくという方向性が明確に打ち出されました。

第2次安倍政権下では、「憲法上、認められない」と歴代政権が明言してきた集団的自衛権行使が「憲法上、認められる」と大転換しました。

2014年7月、集団的自衛権の行使を認める閣議決定があり、翌2015年4月には閣議決定を反映して、ガイドラインが改定されます。ガイドラインを追いかけるようにして安保法制が閣議決定され、この年の9月に強行採決されて、2016年3月から施行されます。

本来なら法律が制定され、この法律の範囲で日米協力のあり方、すなわちガイドラインを決めるべきです。しかし、現実には逆の手順となりました。この逆転の手法は、過去にも例があります。

1997年、旧ガイドラインを見直し、米軍が日本の周辺で戦争をする「周辺事態」の概念を盛り込んだ新ガイドラインへの移行に日米で合意しました。これを受けて、1999年に憲法の枠内で自衛隊が米軍を後方支援する「周辺事態法」が制定されました。

ガイドラインを変更した後、この変更に合わせて法律をつくる逆転の手法は、２０１５年のガイドライン改定、安保法制の制定とまったく同じです。ガイドラインという行政協定が上位にある法律を呼び込むのですから「法の下克上」です。


ところで、なぜ米軍は日本の周辺で戦争をしようとするのでしょうか。

１９９３年3月13日、北朝鮮は核開発を目指して核拡散防止条約（Treaty on the Non-Proliferation of Nuclear Weapons＝ＮＰＴ）からの脱退を表明しました。これに対し、米国は寧辺（ヨンビョン）の核開発施設の空爆を計画します。いわゆる朝鮮半島危機です。（１９９９年10月8日朝日新聞朝刊、１９９４年に北朝鮮への攻撃計画　米国（地球24時））（２０１７年11月16日朝日新聞朝刊、対北朝鮮「対話の模索を」　ペリー元米国防長官）

戦争を覚悟した米軍は、日本政府に対し、自衛隊の朝鮮半島派遣や民間空港の米軍使用から在日米軍住宅の庭の芝刈りに至るまで、１０５９項目の支援を要求しました。

米国が日本列島を後方支援基地として活用しようとしたのは、１９５０年に起きた朝鮮戦争で、日本を占領していた米軍が朝鮮半島へ出撃した経験があるからです。

傷ついた米兵は九州の日本赤十字病院などで手当てを受け、戦争に必要な米軍の戦闘服や車両は軍需品として日本で生産されました。日本列島が米軍の出撃基地および後方支援基地として活用できなければ、米軍は物資調達や負傷兵の救護に窮したに違いありません。

もっとも日本は朝鮮戦争特需の言葉が生まれるほどの好景気に沸き、戦後の不況から一気に脱していくのです。朝鮮半島の不幸が日本を裕福にしたのです。

朝鮮戦争の休戦から40年後に起きた朝鮮半島危機。対米支援を迫る米国に対し、日本側は「海外における武力行使は憲法上、許されていない」としてすべて拒否、つまりゼロ回答をしたのです。

米国は重大な局面に向き合っていました。攻撃を受けた北朝鮮が反撃しないはずがありません。当時、在韓米軍司令部は米軍で5万2000人、韓国軍49万人、民間人を含めると死傷者は約百万人に上る、という見積もりを出しました。

米国はベトナム戦争で5万8000人以上の戦死者を出しています。米国内では反戦運動が高まり、北ベトナムの攻勢もあって米軍はベトナムから撤退。やがて米政府は徴兵制を廃止しました。また、膨大な戦費負担により、米ドルへの信頼が失われ、米ドルを基軸とした固定為替相場制のブレトン・ウッズ体制が終わり、世界は本格的な変動相場制に移行するきっかけになりました。

一国の政策ばかりでなく、世界を揺るがすほどの影響を与えたベトナム戦争。その戦争と同規模もしくはそれ以上となるおそれがある「第2次朝鮮戦争」に踏み切るのか。クリントン米大統領が韓国への増兵を検討している最中、ホワイトハウスに一本の電話がかかりました。電話の主はカーター元大統領でした。

単身訪朝したカーター氏は、金日成主席と直接交渉をして「枠組み合意」文書に署名。これにより、北朝鮮はNPTからの脱退を撤回して核兵器開発を凍結することを約束し、米国はその見返りとして百万キロワットの軽水炉2基の供与と、軽水炉が完成するまでの間、毎年50万トンの重油を供与することになりました。

朝鮮半島は危機を乗り越えたのです。

しかし、日本にとって問題は終わりではありませんでした。クリントン米大統領が中国に9日間も滞在しながら、日本を訪問しないなど、日本など眼中にないかのような米国による「ジャパン・パッシング（日本無視）」が始まったのです。

「日本は米国から見捨てられる」

そんな危機感を持った外務省、防衛庁の官僚たちが、米国の国務省、国防総省の官僚たちとの間でひそかに日米関係を改善するための議論を開始します。

日米の官僚間のやり取りは、やがて具体的な対米支援の枠組みに発展していき、最初に結実したのは1996年4月、クリントン氏と橋本龍太郎首相による「日米安保共同宣言」でした。アジア・太平洋地域には不安定性と不確実性が存在するとし、日米の安保体制を、これまでの日本および極東の範囲からアジア・太平洋地域にまで拡大したのです。

朝鮮半島危機の際に、日本が対米支援について、ゼロ回答を繰り返したことにより、米国が戦争を断念する要因になった可能性はないでしょうか。米国の戦争を引き止めたとすれば、日本政府の不作為は評価に値します。

裏を返せば、その後、ガイドラインを改定し、周辺事態法を制定したことにより、朝鮮半島における米国の戦争は現実味を帯びたことになるのです。

２０１７年１月20日にはトランプ政権が誕生しました。２０１８年になると前年に６回目の核実験をおこない、ミサイル試射を繰り返した北朝鮮に変化が現れます。米国まで届く大陸間弾道ミサイルの開発にメドがついたこと、中国を含む国際社会の経済制裁により国全体が疲弊したことなどが変化の理由とされています。

朝鮮半島の緊張緩和につながる南北首脳会談、そして、朝鮮戦争後初めてとなる米朝首脳会談が開かれました。

ここまでが13大綱で現れた変化です。

第3章

専守防衛を逸脱する18大綱

あんパンに見せかけた激辛カレーパン

そして、18大綱。スローガンは「多次元統合防衛力」です。多次元？　これを統合する？　何を言っているのか、よくわかりません。

18大綱の中身を大胆に言い切れば、事実上の「専守防衛の放棄」です。そして、強まりつつあった「日米一体化の総仕上げ」。もはや憲法の縛りなど、どこ吹く風です。安保法制を施行に移し、もうすぐ3年という2018年12月18日に18大綱は閣議決定されたのですから、安倍政権は「憲法なんてない方がよい」と考えているのではないかと疑いたくなります。安倍首相の「安倍カラー」が鮮明に現れたと言えるでしょう。

安倍政権発足1年後の2013年末に、国家安全保障戦略に合わせて13大綱をつくりました。このときに「向こう10年間を見通して策定した」という説明があったにもかかわらず、13大綱は半分の5年間しか持ちません。同じ首相のもとで大綱が2回つくられたのは、安倍政権が初めてです。

なぜそのようなことになったのか。5年の前倒しは、安保法制が施行され、13大綱では読み込めないほど軍事への傾斜が強まったことがあります。自衛隊の役割と装備する武器の性格がともに「防御」から「攻撃」へと変化を始めた以上、「後づけ」と言われようとも大綱を変えなければ整合性がとれなくなったということです。

２０１８年10月、安倍首相は朝霞駐屯地での自衛隊観閲式で、「宇宙、サイバー、電磁波といった新たな分野で競争優位を確立できなければ、これからのこの国を守り抜くことはできない。この冬に策定する防衛大綱では、これまでの延長線上ではない、数十年先の未来の礎となる防衛力のあるべき姿を示します」と訓示しました。

「宇宙、サイバー、電磁波」は、これまで自衛隊にほとんど関わりがなかったか、弱かった分野です。これらが安全保障上の問題として急浮上したから、力を入れようという説明に目新しさはあります。

これを私は「あんパンを装った激辛カレーパン」なのではないかと疑っています。「宇宙、サイバー、電磁波」が表面的にはおいしそうなあんパンだとすると、実際に詰め込まれているのは「甘いあんこ」などではなく「激辛カレー」であるということです。


何が激辛なのでしょうか。

政府は従来から「個々の兵器のうちでも、性能上専ら相手国国土の壊滅的な破壊のためにのみ用いられる、いわゆる攻撃的兵器を保有することは、直ちに自衛のための必要最小限度の範囲を超えることとなるため、いかなる場合にも許されない。例えば、大陸間弾道ミサイル（ＩＣＢＭ：Intercontinental Ballistic Missile）、長距離戦略爆撃機、攻撃型空母の保有は許されないと考えている」（１９８８年４月６日参院予算委員会、瓦力防衛庁長官）と答弁し、大陸間弾道ミサイ

防衛計画の大綱
中期防衛力整備計画

防衛省

（筆者注：以下は、2018年12月閣議決定後に防衛省が発表した説明資料から筆者が抜粋。なお、年は元号年で表記されています）

日米同盟の強化

✔ 日米同盟の抑止力及び対処力を強化することに加え、幅広い分野における協力を強化・拡大するとともに、在日米軍駐留に関する施策を着実に実施します。

米陸軍と陸自の共同訓練開始式

米海軍と海自の共同巡航訓練

日米「2+2」（外務・防衛閣僚協議）
（平成29年8月）

安全保障協力の強化

✔ 自由で開かれたインド太平洋というビジョンを踏まえ、共同訓練・演習、能力構築支援等の防衛協力・交流に取り組むとともに、グローバルな課題への対応にも貢献します。

グアムにおける日米豪共同訓練

ベンガル湾海空域での日印共同訓練
（平成30年度インド太平洋方面派遣訓練）

能力構築支援の一例
（ラオス人民軍：HA/DR分野）

領域横断作戦に必要な能力の強化

✔ **従来の領域における能力の強化をはじめ、サイバー・電磁波の領域における能力の獲得・強化のため、サイバー部隊を新編するとともに、電磁波作戦部隊の新編等を進めます。**

【サイバー・電磁波の領域】

① サイバー部隊の新編等
- 平素からサイバー空間の監視、対処

② 電磁波作戦部隊の新編等
- 平素から電磁波情報を収集・管理
- 事態対処時には敵の電磁波利用を無力化

【従来の領域】

③ 長射程火力戦闘機能の整備
- 島嶼防衛用高速滑空弾の整備
- ＳＳＭの射程延伸

④ イージス・アショア２基の整備
- 弾道ミサイル攻撃に対し、我が国全体を多層的かつ常時持続的に防護する体制の強化

⑤ 機動展開部隊の強化
- 機動師団・機動旅団への改編
- 艦艇と連携した活動等による平素からの常時継続的な機動

⑥ 水陸両用部隊の強化
- ２個連隊から３個連隊化
- 海自・米海兵隊と連携した訓練・演習による水陸両用作戦能力の更なる充実

最適な防衛体制の構築

【装備品】

◇ **戦闘ヘリコプター体制の効率化**

◇ **戦車・火砲の削減**
（約３００門／両体制）

【定員】

◇ **統合サイバー部隊や海上輸送部隊の新編に所要の定員を拠出**

<戦車イメージ>

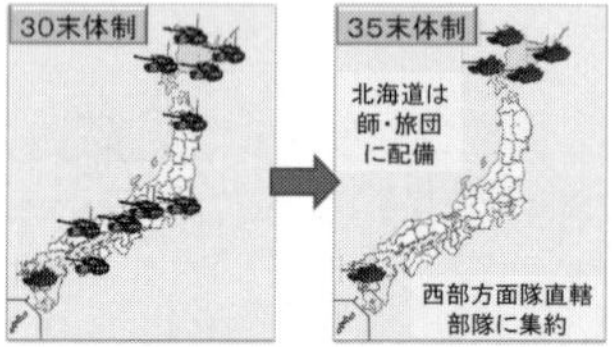

<火砲イメージ>

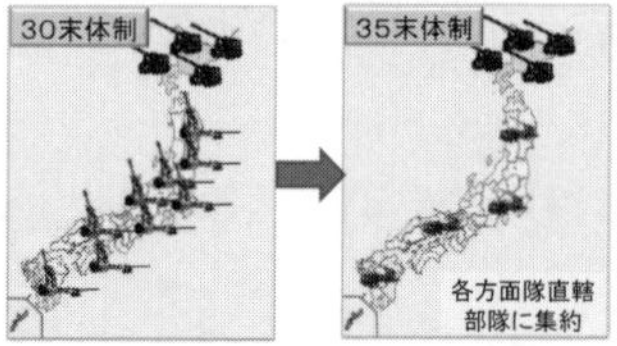

コラム①

COLUMN

「いずも」型護衛艦の改修

✔ 現有の艦艇からのSTOVL機の運用を可能とするよう必要な措置を講じます。

○ 近年、太平洋の空域における軍用機の活動が急速に拡大し、かつ、活発化しています。他方、我が国領土と排他的経済水域（EEZ）が広がる、この広大な太平洋において、飛行場は1か所（硫黄島）しか存在しません。

○「いずも」型護衛艦における航空機の運用は、新たな安全保障環境に対応し、広大な太平洋を含む我が国の海と空の守りについて、自衛隊員の安全を確保しながら、しっかりとした備えを確保するものであり、今後の我が国の防衛上、必要不可欠なものです。

○ また、「いずも」型護衛艦は、ヘリコプター運用機能、指揮中枢機能、人員や車両の輸送機能、医療機能等を兼ね備えた「多機能な護衛艦」であり、今後、これに航空機の運用機能が加わっても、引き続き「多機能な護衛艦」として活用していく考えです。

護衛艦「いずも」型

防衛計画の大綱　別表

区　分		現在（25大綱）	
陸上自衛隊	編成定数 常備自衛官定員 即応予備自衛官員数		15万9千人 15万1千人 8千人
	基幹部隊	機動運用部隊	3個機動師団 4個機動旅団 1個機甲師団 1個空挺団 1個水陸機動団 1個ヘリコプター団
		地域配備部隊	5個師団 2個旅団
		地対艦誘導弾部隊	5個地対艦ミサイル連隊
		地対空誘導弾部隊	7個高射特科群／連隊
海上自衛隊	基幹部隊	護衛艦部隊 潜水艦部隊 掃海部隊 哨戒機部隊	4個護衛隊群（8個護衛隊） 6個護衛隊 6個潜水隊 1個掃海隊群 9個航空隊
	主要装備	護衛艦 （イージス・システム搭載護衛艦） 潜水艦 作戦用航空機	54隻 （8隻） 22隻 約170機
航空自衛隊	基幹部隊	航空警戒管制部隊 戦闘機部隊 空中給油・輸送部隊 航空輸送部隊 地対空誘導弾部隊	28個警戒隊 1個警戒航空隊（3個飛行隊） 13個飛行隊 2個飛行隊 3個飛行隊 6個高射群
	主要装備	作戦用航空機 うち戦闘機	約360機 約280機

区　分		将来（30大綱）	
共同の部隊	サイバー防衛部隊 海上輸送部隊		1個防衛隊 1個輸送群
陸上自衛隊	編成定数 常備自衛官定員 即応予備自衛官員数		15万9千人 15万1千人 8千人
	基幹部隊	機動運用部隊	3個機動師団 4個機動旅団 1個機甲師団 1個空挺団 1個水陸機動団 1個ヘリコプター団
		地域配備部隊	5個師団 2個旅団
		地対艦誘導弾部隊	5個地対艦ミサイル連隊
		島嶼防衛用高速滑空弾部隊	2個高速滑空弾大隊
		地対空誘導弾部隊	7個高射特科群／連隊
		弾道ミサイル防衛部隊	2個弾道ミサイル防衛隊
海上自衛隊	基幹部隊	水上艦艇部隊 うち護衛艦部隊 護衛艦・掃海艦艇部隊	 4個群（8個隊） 2個群（13個隊）
		潜水艦部隊 哨戒機部隊	6個潜水隊 9個航空隊
	主要装備	護衛艦 （イージス・システム搭載護衛艦） 潜水艦 哨戒艦	54隻 （8隻） 22隻 12隻
		作戦用航空機	約190機
航空自衛隊	基幹部隊	航空警戒管制部隊 戦闘機部隊 空中給油・輸送部隊 航空輸送部隊 地対空誘導弾部隊 宇宙領域専門部隊	28個警戒隊 1個警戒航空団（3個飛行隊） 13個飛行隊 2個飛行隊 3個飛行隊 4個高射群（24個高射隊） 1個隊
		無人機部隊	1個飛行隊
	主要装備	作戦用航空機 うち戦闘機	約370機 約290機

注1：　戦車及び火砲の現状（平成30年度末定数）の規模はそれぞれ約600両、約500両/門であるが、将来の規模はそれぞれ約300両、約300両/門とする。

注2：　上記の戦闘機部隊13個飛行隊は、STOVL機で構成される戦闘機部隊を含む。

中期防衛力整備計画　経費の概要

✔ 中期防衛力整備計画においては、多次元統合防衛力の構築に向け、自衛隊の活動や防衛力整備に必要となる経費を明記しています。

	31中期防（平成31年度～平成35年度）［平成30年度価格］	【参考】 26中期防（平成26年度～平成30年度）［平成25年度価格］
防衛力整備の水準	おおむね27兆4，700億円程度を目途	おおむね24兆6，700億円程度を目途
各年度の予算編成に伴う防衛関係費	おおむね25兆5，000億円程度を目途	おおむね23兆9，700億円程度の枠内
新たに必要となる事業に係る契約額（物件費）	おおむね17兆1，700億円程度の枠内	−

Ⅴ　所要経費

1　この計画の実施に必要な防衛力整備の水準に係る金額は、平成30年度価格でおおむね27兆4,700億円程度を目途とする。

2　本計画期間中、国の他の諸施策との調和を図りつつ、防衛力整備の一層の効率化・合理化を徹底し、重要度の低下した装備品の運用停止や費用対効果の低いプロジェクトの見直し、徹底したコスト管理・抑制や長期契約を含む装備品の効率的な取得などの装備調達の最適化及びその他の収入の確保などを通じて実質的な財源確保を図り、本計画の下で実施される各年度の予算の編成に伴う防衛関係費は、おおむね25兆5,000億円程度を目途とする。なお、格段に速度を増す安全保障環境の変化に対応するため、従来とは抜本的に異なる速度で防衛力の強化を図り、装備品等の整備を迅速に図る観点から、事業管理を柔軟かつ機動的に行うとともに、経済財政事情等を勘案しつつ、各年度の予算編成を実施する。

3　この計画を実施するために新たに必要となる事業に係る契約額（物件費）は、平成30年度価格でおおむね17兆1,700億円程度（維持整備等の事業効率化に資する契約の計画期間外の支払相当額を除く）の枠内とし、後年度負担について適切に管理することとする。

垂直離着陸ができるＦ35Ｂ戦闘機も大量購入。
空母化した「いずも」に搭載予定（ロッキード・マーチン社のＨＰより）

ル、長距離戦略爆撃機、攻撃型空母の3種は保有できないと断言してきました。

にもかかわらず、18大綱では、憲法に基づく専守防衛から逸脱しかねない空母の保有が打ち出されました。護衛艦「いずも」を空母化して、垂直離着陸ができるＦ35Ｂを搭載することになったのです。

18大綱に「Ｆ35Ｂ」ではなく、「短距離離陸・垂直着陸（Short TakeOff Vertical Landing＝ＳＴＯＶＬ）機」とあるのは機種選定手続きがおこなわれていないためですが、他に候補機は存在しないのですから、公平性を装う茶番と言われても仕方ありません。

空母保有を目指した海上自衛隊

空母は、太平洋戦争の旧日本海軍が6隻動員した真珠湾攻撃で証明されたように、現代の海上戦闘で強力な打撃力となっています。そんな空母の保有は強い「軍隊の常識」とはいえ、専守防衛の「自衛隊の常識」ではありませんでした。

それでも海上自衛隊は長年にわたって空母保有の検討を続けてきました。自衛隊が憲法に明記され、事実上の「軍隊」となるかも知れない未来をみつめてのことだったのかもしれません。「いずも」は全長248メートル。旧海軍の戦艦「大和」より15メートル短いだけの大型艦艇です。空母のように平らな全通甲板を持ち、対潜水艦（対潜）ヘリコプター5機が同時に離発着できます。

海上自衛隊にとっての戦闘艦艇を意味する「護衛艦」の呼称があるとはいえ、対艦ミサイルや魚雷といった強力な兵器を搭載せず、乗員が甲板を歩かずに外周を移動できるキャットウォークを備えており、海外の専門書は「ヘリコプター空母」（英ジェーン海軍年鑑）に分類しています。

「専守防衛のわが国が空母を持てるかどうか」

この議論は古くから国会で続いてきました。瓦力防衛庁長官が「攻撃型空母を保有することは許されない」（1988年3月11日参院予算委員会）と明言する一方、「憲法上保有しうる空母はある」（1988年4月12日衆院決算委員会）と述べ、「防御型空母を保有できる」とする政府見解が示されました。

その例として政府は、対潜ヘリコプターを積んだ対潜空母を示し、シーレーン防衛を念頭に置いた答弁を繰り返しました。これに対し、野党側は「攻撃型、防御型をどこで区別するのか」と追及しましたが、政府は一貫して空母の保有計画を否定し続け、論争はいったん下火になりました。

しかし、1989年6月20日の参院内閣委員会で日吉章防衛庁防衛局長は、「ヘリコプター搭載空母、垂直離着陸機のみの搭載空母は、大綱別表の中の対潜水上艦艇部隊の一つの艦種と考えられる」と空母保有の可能性に初めて言及。とはいえ、防衛省は現在に至るまで、「空母の建造計画はない」と繰り返してきました。

一方、海上自衛隊は自衛隊の創設間もない1950年代から内密に空母保有の検討を続けてきたのです。

「敵が空母を保有し、攻撃機を差し向けてくる事態で、空母を持たない自衛隊はハエタタキのように攻撃機を撃ち落とす防御しかできない。空母そのものを攻撃する機能がなければ、局面は打開できない」（海上自衛隊幹部）というわけです。

海上自衛隊は1993年、輸送艦「みうら」の後継として大型輸送艦「おおすみ」の建造費を計上しました。「みうら」が民間船舶に近い輸送船タイプだったのに対し、「おおすみ」は全通甲板を持ち、内外から「空母ではないか」と注目されました。

ひそかに「護衛艦の防空訓練用」と称して垂直離着陸ができるシーハリアー戦闘機の搭載も検討したのですが、防衛庁の背広組の反対で消えました。

「おおすみ」型は3隻建造され、次にやはり全通甲板を持つ対潜ヘリコプター搭載の護衛艦「ひゅうが」型を2隻建造、さらに「ひゅうが」の欠点を修正した「いずも」型は2隻建造されました。いずれも艦橋を右舷に寄せた外観を持ち、海上自衛隊は空母型艦艇の操艦技術と運用方法を学習したことになります。

こうして振り返ると、海上自衛隊が空母を保有するのに、どれほど熱心に取り組んだかわかります。

防衛省は2017年4月、護衛艦「いずも」を建造した「ジャパンマリンユナイテッド」に「能力向上に関する調査研究」を委託しました。同社が2018年3月、防衛省に提出した報告書によると、防衛省は調査の前提条件として、いずも型護衛艦による「米軍の後方支援実施」を目的とすることを明記しています。

広大な甲板を使って米軍のF35Bが垂直着艦したり、航空機用のエレベーターで格納庫に移動させたりするなどの運用を想定し、船体を改修する際の工期と工費の見積もりを求めました。自衛隊単独の空母運用は調査の目的に入っていなかったのです。

つまり、米軍機のプラットホームとして「いずも」を活用する方法を探っていたのです。

米軍は横須賀基地に原子力空母「ロナルド・レーガン」を配備しています。出撃する場合、空母が1隻だけで単独行動することはまずなく、横須賀に配備されている米海軍のイージス艦12隻のうち、4、5隻程度が空母護衛のために同行していきます。海の中には潜水艦もいます。これらを空母打撃群と言います。

空母を動かすには大変なコストがかかります。「空母1隻を1日動かすだけで1億円」と言われています。不経済ではないかとの声が米海軍の内部から出てきました。

米国は、自国より弱い軍事力の国としか戦争をしません。それならば、空母を出すまでもありません。そこで空母打撃群に替わって、強襲揚陸艦を空母として使う遠征打撃群を使うとの方針を打ち出したのです。

遠征打撃群の編成には佐世保基地に配備されている強襲揚陸艦「ワスプ」と、山口県の岩国基地のF35B戦闘機を組み合わせます。これに駆逐艦2隻程度を護衛につけるので、安いコストで目的を達成することができます。

一方、防衛省は、安保法制を受けて、「いずも」の甲板にF35Bを載せる運用法を模索したのです。仮に米国が中東などで戦争するとき、「ワスプ」が修理などで使えないとしても、「いずも」を差し出せば、「ワスプ」のかわりに使うことができます。日米合同軍の完成です。

安保法制によって、これまでは武力行使の一体化にあたり、できないとされてきた「発進準備中の戦闘機への燃料補給」が可能になったからできる日米一体化です。「いずも」と自衛隊機の組み合わせより先に、「いずも」と米軍機の組み合わせを防衛省は考えていたのです。

言い出しっぺは自民党だった「いずも」の空母化

とても意外な話があります。

18大綱、中期防を閣議決定した2018年12月18日の記者会見で、岩屋毅防衛相は次のように述べています。

「海上自衛隊や航空自衛隊から、具体的なニーズや要請があったのではなく、防衛政策上の観点から検討して、今後40年近く使っていかなければいけない「いずも」型の護衛艦に、さらに機能を付け加えるべきだという考え方に至ったわけでございます」

「実際には海上自衛隊が運用している艦に、航空自衛隊が運用することになる航空機が載る場合があるという運用になりますので、はたして、どのような連携をすることが最も適切か、これからじっくりと、海上自衛隊と航空自衛隊の間で検討していかなければいけないと思います」

これは驚きの発言です。つまり、護衛艦「いずも」の空母化は海上自衛隊が求めたわけではなく、空母への戦闘機搭載は航空自衛隊が求めたものでもないと断言しているのです。

では、空母を持つことになった「防衛政策上の観点」は誰が決めたのか。その謎解きをする前に少し、海上自衛隊の現場のお話をしましょう。

「海上自衛隊「空母保有」へ」などの記事が新聞に掲載されるたび、海上幕僚監部広報室の佐官は渋い表情をみせていました。その理由は予算不足から「いずも」の改修費をひねり出すのが困難なためでした。

13大綱の別表で、保有すべき護衛艦は54隻とされていましたが、現有は47隻にすぎません。いつまで経っても54隻に届かないので、２０１８年度防衛費から護衛艦と掃海艇の機能を併せ持った小型の新型護衛艦を毎年２隻ずつ建造する一方、30年で退役となる護衛艦の寿命を40年に延ばす艦齢延伸も毎年数隻ずつおこなって、隻数を補っています。

潜水艦も同様で大綱別表では22隻となっているものの、現有は18隻どまり。やはり、艦齢延伸もしています。

２０１７年度から２０１９年度まで3年間の防衛費の当初予算には、航空機、ヘリコプターともたった１機の調達費も計上できませんでした。前出の佐官は「ミサイルなど武器類の値上がりと人件費の高騰でやり繰りが難しくなっているのです」と話し、空母保有に手が回らないことを示唆していました。

では、空母保有は誰が進めたのか。

真相を探るべく、２０１８年12月、自民党国防部会の有力議員に話を聞きました。

「空母保有の言い出しっぺは誰ですか」との私の問いに自民党議員は、防衛副大臣を経験した個人名を挙げました。その個人が誰なのか、匿名が条件のため、明らかにすることはできませんが、この議員は「自民党国防部会と自民党安全保障調査会が一緒に議論して、5月にまとめた大綱提言に空母保有を書き込み、その提言が大綱に取り込まれたと理解しています」と述べ、空母保有が「政治提言」であることを認めました。

大綱提言をまとめるより先の2018年3月、自民党国防部会・安全保障調査会は大綱提言の「骨子」をまとめました。この骨子には「多用途防衛型空母」という固有名詞で「空母」が明記されていたのです。

前出の議員は「「多用途防衛型空母」は世論の動向を探る観測気球でした。「空母」と書いてあるのに野党もマスコミも拍子抜けするほど無反応。「これはいける」と思った」と明かしました。

最終的に大綱提言では「多用途運用母艦」として「空母」の部分を「母艦」とボカし、公明党との与党間協議を経て「多用途運用護衛艦」とさらに「空母」の名前を消して「護衛艦」としました。実際の18大綱では「多様な任務への対応能力を向上させた護衛艦」となり、これまでの経緯を知らない人が読んだら、「空母」とはわからないような書き方になっています。

しかも、念入りに「なお、憲法上保持し得ない装備に関する従来の政府見解には何の変更もない」との一文を加え、改修する「いずも」は「攻撃型空母」ではないと主張しています。

関連して岩屋毅防衛相は先の記者会見で次のように述べています。

「「いずも」型の護衛艦に、対潜ヘリを載せての哨戒活動、場合によっては医療、輸送など多様な目的のために使用していきたい。必要な場合にのみ、ＳＴＯＶＬ機を運用するので、多機能・多用途の護衛艦として運用される。専守防衛の範囲内である」

いつも戦闘機を載せているわけではないので憲法で禁じた攻撃型空母ではない、と言っているのです。

ちょっと待ってください。

横須賀基地を事実上の母港とする米空母「ロナルド・レーガン」の戦闘機や早期警戒機は、ふだん山口県の岩国基地に置かれています。年２回程度の出航時にのみ、空母に搭載されます。するとロ「ロナルド・レーガン」は「攻撃型空母」ではないのでしょうか。対地、対艦攻撃ができる戦闘攻撃機を40機以上も搭載し、中小国の空軍力をもしのぐ戦力の米空母が「攻撃型空母」でないはずがありません。

百歩譲って、ふだん対潜ヘリコプターを載せたときの「いずも」は、防衛省・自衛隊のいうところの「ヘリコプター搭載護衛艦」だとしても、Ｆ35Ｂを搭載するときの「いずも」は「攻撃型空母」となるのではないでしょうか。

「空母」を「護衛艦」と呼び換えるのは、「敗走」を「転進」と呼び、「全滅」を「玉砕」と言い換えて物事の本質をごまかした旧日本軍と同じです。日本の安全保障政策が内外からの信用を失いかねない、ゆゆしき事態と言えるでしょう。

政治主導による軍事国家化の実現

これまで「防衛計画の大綱」は18大綱を除けば、5回つくられてきました。

過去の大綱は、いずれも防衛省もしくは防衛庁で原案を策定してきました。安全保障の現場を知り、過去、何度も国会で繰り返して議論された自衛隊と憲法との整合性について理解しているのが防衛官僚です。防衛官僚は過去の国会答弁も熟知し、行政の一貫性、連続性から逸脱するような大綱原案を書くことはありませんでした。

また自衛隊員は戦争になれば、真っ先に戦場へ送られ、命の危険にさらされる人たちです。だから、隊員たちは戦争で負けないよう米国の最新戦略とはどのようなものか防衛官僚に伝え、また高性能な武器を選び、その購入を防衛官僚に働きかける役割を担っていました。

しかし、18大綱は、第2次安倍内閣であらたに設置された国家安全保障会議とその事務方にあたる国家安全保障局が策定したのです。

国家安全保障局は元外務事務次官だった谷内正太郎氏が局長を務めることからわかる通り、外務省色の強い組織です。外務官僚の中には、国際法という国際的な常識が日本国憲法の上位にあるべきだと考える人も少なからずいます。

国家安全保障局には約70人の官僚がいて、防衛省からの出向者もいますが、防衛省の意見を代弁するのではなく、単なる事務方として仕事をおこなっています。

今回の大綱原案づくりは、国家安全保障局が前面に出ることにより、これまで大綱原案をつくってきた防衛官僚や自衛隊制服組は意見を述べるだけの傍流に追いやられました。

一方、自民党国防部会・安全保障調査会は大綱改定に合わせて毎回、大綱提言をまとめてきました。ただ、防衛省が策定する大綱原案にほとんど反映されることなく、無視されてきたのが実情です。

例えば、13大綱に合わせて2013年6月にまとめた自民党提言には「憲法改正と「国防軍」の設置」「国家安全保障基本法の制定」などが勇ましく打ち出されましたが、13大綱にはまったく反映されていません。

安倍首相が政権基盤を固め切らない2013年時点で、仮に「憲法改正と「国防軍」の設置」を大綱に取り込んだとすれば、国会で野党から追及され、防衛省はもちろん、安倍首相も火ダルマになったことでしょう。防衛省は過去の安全保障政策から極端に外れることがないよう自己保身を含めて、慎重だったのです。

しかし、首相就任から6年近くが経過し、この間、強硬策を押し通して「安倍一強」と言われるようになった今回は違いました。

前出の議員は「自民党提言がほとんど大綱に反映された」と言い、「自分でもちょっと驚いている」と率直に話しています。

安全保障の専門家集団である防衛省が後景に退き、安倍首相の威光をバックにした首相官邸の官僚たちが前面に立ち、政治主導を確立させたのです。

その意味ではまさに「シビリアン・コントロール（文民統制）の実現」と言えますが、残念ながら「文民統制の確保＝専守防衛の維持」ではありません。

それは海上自衛隊も航空自衛隊も求めていないにもかかわらず、自民党と首相官邸が二人三脚で空母保有を決めたことから明らかです。軍事のシロウトの政治家が武器を選び、「これで戦え」「使い方は君たちで決めてくれ」と軍事のプロの自衛隊に命令したのが今回の18大綱です。

この国を戦争の惨禍に導くのが、太平洋戦争の時代では軍部であり、現代は政治家だとすれば、シビリアン・コントロールこそが危険の元凶となります。

謙虚さを忘れ、万能感にひたる安倍政権のもと、日本は政治主導による軍事国家化という未体験ゾーンに突入しつつあります。

安倍外交の失敗で後退した米国の日本防衛

18大綱には空母の使い方について、ひとつだけ記述があります。

「広大な空域を有する一方で、飛行場が少ないわが国太平洋側を始め、空における対処能力を強化する」とあり、太平洋側の守りを固めるためというのです。

これはおかしい。冷戦時代から現在に至るまで、日本有事は日本海側から攻撃される前提にたっていたのが大綱です。

なぜならば、ソ連や中国は日本列島の西側にありますが、東側の太平洋の向こうには日米安全保障条約を締結している米国があるだけです。米海軍は11隻の原子力空母を保有し、改造して空母化する「いずも」と比較しても、その戦力は大人と子供ほども違います。

太平洋側が攻撃されるとすれば、米国が日本を守らない前提に立っているとしか考えられません。

13大綱では「日米同盟の強化」の項目で、「日米同盟を強化し、よりバランスのとれた、より実効的なものとすることがわが国の安全の確保にとって、これまで以上に重要となっている」と書いていました。

ところがどうでしょう。18大綱の同じ「日米同盟の強化」の項目の書きぶりは、日本の役割強化に思い切り踏み込んでいます。

「日米同盟は平和安全法制（筆者注・安保法制のこと）によって強化されてきた」「ガイドラインのもといっそうの強化を図ることが必要」と第2次安倍政権で実現したガイドライン改定と安保法制の制定によって日本側の役割が増えたことを、まず強調します。

そして仕上げに「日米同盟の一層の強化にあたっては、わが国が自らの防衛力を主体的・自主的に強化していくことが不可欠の前提」とたたみかけています。

この文章は「日本が防衛力を主体的・自主的に強化することによって、米国の手をわずらわせないようにする」と宣言しているのに等しいのです。「自主防衛」へ向けた決意表明と言ってもよいでしょう。

「自主防衛」へと舵を切る下地は、2015年のガイドライン改定にあります。

この新ガイドラインは、「日本への武力攻撃が発生した場合」として、空域防衛、弾道ミサイル対処、海域防衛、陸上攻撃の4項目について、いずれも「米軍は、自衛隊の作戦を支援しおよび補完するための作戦を実施する」とあり、米国は「自衛隊を支援し、補完する」程度の「控えめな日本防衛」の役割にとどまっています。

1997年に改定された旧ガイドラインは違いました。航空侵攻対処では「自衛隊の行う作戦を支援するとともに、打撃力の使用を伴うような作戦を含め、自衛隊の能力を補完するための作戦を実施する」とあり、攻撃機、爆撃機など自衛隊が保有していない「打撃力の使用」を挙げています。

海域防衛では「機動打撃力の使用」とあり、攻撃機を搭載した空母の投入をうかがわせ、また、（筆者注・敵が日本に上陸して来る際の）着上陸侵攻対処では「侵攻の規模、態様その他の要素に応じ、極力早期に兵力を来援」と具体的な支援策を打ち出していました。

新ガイドラインで「打撃力の使用」が登場するのは、「領域横断的な協力」の項目のみで、日本有事が周辺国にまで拡大する場合に限定されています。

2015年のガイドライン改定は日本側が持ちかけました。尖閣諸島をめぐる中国との対立から、米国を日本側に引き込み、抑止力を高めて問題解決を図る狙いがあったとみられています。その代わり、自衛隊を米国の世界戦略に積極的に関わらせることにしたのです。

日本への武力攻撃対処について、米軍関与が薄まる記述となった点を安全保障担当の内閣官房副長官補だった柳沢協二氏は私のインタビューに「中国との争いごとに巻き込まれたくない米国の本音が見え隠れしている」と話しています。

日本政府が新ガイドラインを発表するより前に、中国政府は米国から内容の通知があったことを明らかにしました。事前通知は「日本との間で防衛協力のあり方を変えたが、中国に対して敵意は持っていない」という意味でしょう。

結局、米国を取り込もうとした日本政府の思惑は外れました。18大綱は、いざという時に米国の協力が得られない事態も想定して、「自主防衛」を打ち出さざるを得なくなったのではないでしょうか。

「自主防衛」と「専守防衛」は対立する考え方ではなく、必ずしも矛盾しませんが、18大綱で打ち出した通り、日本は防衛力を主体的・自主的に強化していき、米軍が持つような打撃力を自前で持つことになります。

新ガイドラインで、米国の関与を薄めたのは、日本外交の失敗、もしくは敗北でした。空母保有に踏み切ることになった理由のひとつは「米国関与の後退」とその結果としての「自主防衛」の選択にあります。

同時に中国を必要以上に危険視したことにより、「空母の保有もやむなし」となり、「専守防衛」を踏み越えたのではないでしょうか。

これにより、18大綱は「自主防衛の確立」と「専守防衛からの逸脱」が並び立つことになりました。

保有可能になった長距離ミサイル群

18大綱には空母保有のほか、「スタンド・オフ防衛能力」が登場しています。「スタンド・オフ防衛」は相手の射程から外れた遠方から攻撃することで、今後、自衛隊は長射程ミサイルなどを保有することになります。

中期防には、具体的な武器名として「スタンド・オフ・ミサイル（ＪＳＭ、ＪＡＳＳＭ（ジャズム）、ＬＲＡＳＭ（ロラズム）の整備を進めるほか、島しょ防衛用高速滑空弾（略）の研究開発を推進する」と書かれています。

ＪＳＭは、ノルウェー製のミサイルで、射程は５００キロ。Ｆ35に搭載します。ＪＡＳＳＭとＬＲＡＳＭは射程９００キロでＦ15戦闘機やＦ２戦闘機への搭載を計画しています。

こうした長射程の巡航ミサイルを日本海上空の戦闘機から発射すれば、朝鮮半島に届き、東シナ海から発射すれば、中国大陸まで届きます。あとで詳しく説明しますが、これはまさに「敵基地攻撃」そのものです。

次に島しょ防衛用高速滑空弾。ロケットのように打ち上げ、上昇後、切り離された弾頭部がグライダーのように滑空して敵を攻撃します。いわば弾道ミサイルと巡航ミサイルを組み合わせた構造で、飛び方を予測しにくくして、迎撃を避ける工夫をしているのが特徴です。

宇宙空間には飛び出さないものの、得られる効果は落下して甚大な被害を与える弾道ミサイルと変わりありません。

防衛省の担当者は「島しょが占領された場合に活用する。例えば、宮古島から与那国島まで250キロあるが、自衛隊はこれほど長射程のミサイルは保有していない」と必要性を強調します。沖縄県の宮古島、石垣島などへの配備を計画している陸上自衛隊のミサイル部隊が持つことになるというのです。

例えば、宮古島から与那国島へ島しょ防衛用高速滑空弾を撃ち込むことを想定しているならば、「侵攻してくる敵から最初に日本を守るはずの海上自衛隊と航空自衛隊は全滅しているのですか?」と突っ込みたくもなります。

防衛省の狙いは、島しょ防衛だけではないのかもしれません。高速滑空弾の推進部を大型化し、より長射程のミサイルとして地上から発射すれば他国の領土を攻撃することも十分可能になります。

実は防衛省が防衛庁だった2004年、まったく同じ性能のミサイル研究を次期の「中期防衛力整備計画」(2005~2009年度)に盛り込もうとしたことがありました。与党の安全保障プロジェクトチームへ説明するなかで、「離島を侵攻された場合の反撃用で、射程は300キロ以内。他国の領土には届かず、攻撃的な兵器ではない」と理解を求めたのです。

これに対し、与党の公明党の国会議員から「あまりにも唐突だ」「日本の技術をもってすれば射程を延ばすのは簡単で、近隣国に届くものにできる」との批判が噴出して了承されず、防衛庁が削除したいきさつがあります。（２００４年12月８日読売新聞朝刊「次期防、「長射程ミサイル」削減「唐突だ」公明党反対」）

この当時、北朝鮮は核実験を１回もおこなっておらず、日本列島を越える弾道ミサイルは１９９８年に１回発射しただけ。既に６回の核実験と日本列島越えの経路で弾道ミサイルを５回発射している現在とを比べると、北朝鮮の戦力は大幅にアップしています。

このタイミングを狙って、防衛省が一度は消えた地対地ミサイルの研究を蘇らせたのは間違いありません。北朝鮮の攻勢に乗じて自衛隊に「敵基地攻撃」のための能力を保有させようとする意図が透けてみえます。

２００４年当時の公明党議員が指摘した通り、ロケット技術を利用すれば、射程を延ばして他国に脅威を与えることなど簡単な話です。

北朝鮮が自国のロケットを「ロケット」と主張しても、「あれはミサイルだ」と日本は非難しますが、日本宇宙航空研究開発機構（Japan Aerospace eXploration Agency＝ＪＡＸＡ）や米国が打ち上げるロケットは「ロケットだ」と言います。

ロケットとミサイルはまったく同じ技術です。国によって呼び方を使い分ける二重基準と批判されても仕方ありません。

日本はＨ２など大型で高性能のロケットを何度も打ち上げているので、だいぶ以前から弾道ミサイルを保有する技術は持っていました。ただ、ロケットを武器にはしなかったということです。それが18大綱になって、高速滑空弾と名付けられ、素知らぬ顔で登場してきました。

大綱、中期防で解禁される「敵基地攻撃」

前項の「スタンド・オフ防衛能力」で登場した「敵基地攻撃」とは何でしょうか。

１９９０年代以降、北朝鮮による弾道ミサイルの発射が繰り返されるたびに主に自民党議員が「敵基地攻撃」能力の保有を求めてきました。「弾道ミサイルが落下する前に発射基地を攻撃する能力を持つべきだ」との主張で、はっきり言えば、「やられる前にやれ」というのです。

主張の根拠にしたのが、１９５６年に鳩山一郎内閣が示した政府見解です。

「わが国に対して急迫不正の侵害が行われ、その侵害の手段としてわが国土に対し、誘導弾等による攻撃が行われた場合、座して自滅を待つべしというのが憲法の趣旨とするところだというふうには、どうしても考えられないと思うのです。そういう場合には、そのような攻撃を防ぐのに万やむを得ない必要最小限度の措置をとること、例えば、誘導弾等による攻撃を防御するのに、他に手段がないと認められる限り、誘導弾等の基地をたたくことは、法理的には自衛の範囲に含まれ、可能であるというべきものと思います」（１９５６年2月29日衆議院内閣委員会、船田中防衛庁長官代読）

こうした政府見解はあるものの、政府は自衛隊が保有できる兵器を「自衛のための必要最小限度のものでなければならない」とし、「自衛隊は敵基地攻撃能力を保有していない」との答弁を繰り返してきました。

本当に「保有していない」のでしょうか。航空自衛隊がこれまで何をやってきたのか振り返ります。

かつては戦闘機の航続距離が長いと周辺国の脅威になりかねないとの理由から、米国から導入したF4戦闘機から空中給油装置を取り外していました。

しかし、1980年代に調達したF15以降の戦闘機は、日本有事になれば上空での警戒待機が必要になるとの理由から空中給油装置を外すことを止め、飛びながら燃料供給できる空中給油機も導入。これで航続距離の問題は霧消しました。

次に他国の上空で戦闘機を指揮できる管制機能については、1976年に函館空港へソ連の戦闘機が強行着陸した事件をきっかけに、まずE2C早期警戒機を買い入れました。

高性能の空中警戒管制機（AWACS）も候補に上りましたが、防衛庁は「わが国にとって必要な能力を超える」として退けたにもかかわらず、間もなく、「E2Cでは能力が不足している」として、結局、AWACS導入を実現させたのです。詐欺みたいなやり方で導入したAWACSは4機、E2Cは13機にもなります。

「敵基地攻撃」は、戦闘機が空中給油を受けながら長い距離を飛行し、敵基地の近くでAWACSの管制を受けます。敵基地が近づくと電子戦機が妨害電波を出して地上レーダーや迎撃機をかく乱させるなど複数の航空機を組み合わせる必要があります。

航空自衛隊で保有していないのは、電子戦機だけでしたが、２００８年から2人乗りのＦ15ＤＪ戦闘機を改修して電子妨害装置を搭載する開発に取り組み、成功を収めました。

残るのは敵基地への爆弾投下です。

航空自衛隊は２００５年から日本の演習場ではできない実弾の投下訓練をグアムで開始。当初は通常の爆弾でしたが、２０１２年から衛星利用測位システム（Global Positioning System＝ＧＰＳ）衛星を利用した精密誘導装置付き爆弾（Joint Direct Attack Munition＝ＪＤＡＭ）に切り替え、精度を確実に上げていったのです。

より正確な爆撃のため、２０１４年にはイラク戦争で米軍が使ったのと同じタイプのレーザー光線で誘導するレーザーＪＤＡＭを導入。この年の日米豪共同訓練で、Ｆ２戦闘機が投下し、目標に命中させています。

航空自衛隊が保有する航空機や爆弾を組み合わせれば、今でも米軍に近い敵基地攻撃能力を持っているのです。

18大綱は、さらに巡航ミサイルの保有を決めました。航続距離を延長できる戦闘機と長射程の巡航ミサイルの組み合わせは、政府が保有を禁じてきた「長距離戦略爆撃機」に近いのです。「戦略」の言葉の中に核兵器を含めているのかもしれませんが、通常弾頭であっても十分、他国に脅威を与えることができます。

結局、18大綱は過去、政府が保有できないとしてきた「大陸間弾道ミサイル、長距離戦略爆撃機、攻撃型空母」のいずれも保有することになったのです。

実現不能、北朝鮮のミサイル基地への攻撃

どれほど自衛隊が攻撃的な兵器体系に変わろうとも、他国を攻撃するのは簡単ではありません。

例えば、安倍首相が「最大限の圧力をかける」と訴え続ける北朝鮮への攻撃は可能でしょうか。1993年の朝鮮半島危機の際、世界最強の米軍でさえ、ためらったのです。北朝鮮の様子を観察してみると、がっちり守りを固めていることがわかります。

例えば、自衛隊が弾道ミサイル基地を攻撃目標に決めたとします。北朝鮮の弾道ミサイル基地は日本海に面した東岸の舞水端里（ムスダンニ）、黄海に面した西岸の東倉里（トンチャンニ）の2カ所です。どちらも中国国境に近く、航空機で攻撃に向かえば公表されていない中国の防空識別圏に接近、もしくは入り込むおそれがあります。

特に2000年以降に建設された東倉里の基地は、中国国境の鴨緑江河口から約80キロと近く、東倉里を狙った攻撃が中国を刺激するのは確実となる場所に置かれています。

舞水端里、東倉里を航空攻撃するには、中国の承認もしくは黙認を求めることが欠かせません。北朝鮮に対する最大の支援国である中国が日本による北朝鮮攻撃を容認するとは思えず、

また中国の意向を無視して、北朝鮮攻撃を強行しようとすれば、中国との戦争を覚悟しなければならなくなります。あまりに非現実的です。

では、別のミサイル基地なら攻撃できるでしょうか。

２０１４年以降の短・中距離弾道ミサイルが発射された地点は、東岸の元山（ウォンサン）付近、西岸の粛川（スクチョン）付近、平壌（ピョンヤン）の南方約１００キロ、南部の開城（ケソン）付近、西岸の海州（ヘジュ）の西方約１００キロ、西岸の南浦（ナンポ）付近と散らばり、攻撃された場合を想定して目標を絞らせない実戦的な運用が始まっています。

２０１５年以降は潜水艦発射弾道ミサイル（ＳＬＢＭ）の開発が進み、２０１６年5月には新浦（シンポ）沖からＳＬＢＭの発射に成功、攻撃能力の多様化と残存性の向上を図っているのです。

航空自衛隊の元将官は「北朝鮮の基地は7割が地下化されており、偵察衛星でも完全には捕捉できない。山に横穴を空けて移動式の弾道ミサイル発射器を隠した場所もある。地上部隊の派遣を抜きにすべてのミサイル基地を破壊するのは困難だろう」と話します。

自衛隊が装備体系を攻撃型に変えたとしても実効性に疑問符が付くのです。ウロウロと攻撃目標を探す間に弾道ミサイルは日本列島に飛来することでしょう。

第4章

イージス・アショアとF35
——米国製武器が呼び込む混迷

住民生活を脅かすレーダー波

新たなミサイル迎撃システム「イージス・アショア」の導入も18大綱の目玉です。18大綱にはミサイル迎撃について、「最適な手段による効果的・効率的な対処」としかありませんが、中期防には「陸上配備型イージス・システム（イージス・アショア）を整備」とイージス・アショアが明記されています。

安倍内閣は18大綱、中期防の閣議決定より早く、2017年12月19日に「北朝鮮の核・ミサイル開発に対し、抜本的な向上を図る」として、イージス・アショアの導入を閣議決定しています。

この閣議決定から明らかなように、イージス・アショアは北朝鮮から飛来する弾道ミサイルの迎撃を目的としています。

配備が予定されているのは秋田市の新屋演習場、山口県萩市のむつみ演習場の2カ所です。この2カ所に置くイージス・アショアで日本列島全体が防御できるというのが防衛省の説明ですが、問題はてんこ盛りです。

ひとつは、住民被害の問題です。レーダーが発する電磁波を浴び続けると、がん、白血病、鬱病などを引き起こすおそれがあり、小児の行動や発育に影響を与える可能性があると指摘さ

18大綱の目玉、イージス・アショア。（米ミサイル防衛庁のＨＰより）
米国から購入する国は日本が初めて

れています。

イージス・アショアのレーダーは北朝鮮にある方向の日本海に向けられますが、レーダー周辺にも「サイドローブ」と呼ばれる漏れた電磁波が発生します。近くに民家があれば、電磁波を浴び続けることになりかねません。

また北朝鮮は、日本列島を横断する形でミサイル試射を繰り返しているので、イージス・アショアが発射されたミサイルを追尾して、北朝鮮にある日本海側、日本列島上空、太平洋側へとレーダーの方向を変えます。その結果、太平洋側にレーダーを向けて住民に電磁波を浴びせる場面が出てくるのではないでしょうか。レーダーは日本海側だけを向いているとは限らないのです。

最悪なのは山口県阿武町です。町自体

がイージス・アショアと日本海の中間に位置しています。住民は「レーダー波をもろに浴びるのではないか」と不安を隠しません。発射する迎撃ミサイルの第一段ロケットが落下する危険さえあるのです。阿武町は２０１８年７月、計画撤回を求める住民の嘆願書を防衛省に提出しています。

イージス・アショアはレーダー施設があるだけではなく、最大24発の迎撃ミサイルが詰まった発射機も置かれます。自衛隊のミサイルは例外なく移動式でしたが、イージス・アショアは初めて固定式のミサイル基地となります。

日本を攻撃しようとする相手からすれば、固定したミサイル基地は格好の標的でしょう。新屋演習場は秋田市街地に隣接しているので、秋田市の住民から「巻き込まれて攻撃対象になるのではないか」との不安の声も出ています。

強力な電磁波は飛行機の計器を狂わせるので、米軍がミサイル迎撃用に設置した青森県つがる市の車力分通信所、京都府の京丹後市にある経ヶ岬通信所のどちらも半径6キロメートル、高さ6キロメートルにわたって飛行制限区域が設けられています。

これにより、ドクターヘリが飛行の制約を受けています。２０１８年6月、京都府の消防本部が交通事故のけが人を緊急空輸するため、経ヶ岬通信所にレーダー波の停止を要請しましたが、米軍が聞き入れず、ヘリの着陸地点を変更せざるを得ませんでした。搬送は17分遅れました。

米軍が停波しなかった理由について京丹後市基地対策室は「停波要請がマニュアル通りでなく、米軍が混乱したため」と説明しますが、一分一秒を争う緊急事態で、マニュアル通りか否かが問われるのはおかしくないでしょうか。

秋田市では新屋演習場から東に8キロメートルのところにある秋田赤十字病院がドクターヘリを運用しますが、イージス・アショアが障害となりかねません。

防衛省は秋田市であった説明会で「手続きマニュアルを作成する」と話しましたが、そもそもイージス・アショアがなければ、停波を求める必要さえないのです。国民の生命を守るはずの武器類が日常生活を脅かすようでは本末転倒ではないでしょうか。

2つ目の問題は、高額な導入費にあります。当初、防衛省は1基800億円を見込んでいましたが、米国との調整の結果、想定を大幅に上回る1基1340億円に高騰。導入する2基の維持・運用費などを含めると4664億円にもなります。

これには施設の整備費やミサイル購入費は含まれておらず、総額がさらに膨らむのは必至です。配備する迎撃ミサイル「SM3ブロックⅡA」の価格は未公表ながら、現在、イージス護衛艦に搭載している「SM3ブロックⅠ」の1発30億円（防衛省は未公表）を上回るのは確実とされます。

しかも調達方法は、悪名高い有償対外軍事援助（Foreign Military Sales＝FMS）方式です。

FMSとは、米国の武器輸出管理法に基づき、①契約価格、納期は見積もりであり、米政府はこれらに拘束されない、②代金は前払い、③米政府は自国の国益により一方的に契約解除できる、という不公平な条件を提示し、受け入れる国にのみ武器を提供するというものです。

買い手に不利な一方的な商売にもかかわらず、米国製の武器が欲しい防衛省はFMS方式による導入を甘んじて受け入れています。

意外に知られていないのは、米国製のミサイル防衛システムをフルに導入しているのは世界中で日本だけという事実です。

日本が導入したのは飛来する弾道ミサイルをイージス護衛艦搭載の「SM3ブロックⅠ」で迎撃し、撃ち漏らしたら地対空迎撃ミサイル「PAC3」で対応する二段階のシステム。PAC3だけならオランダ軍などが導入している例はありますが、そもそもイージス艦は保有する国が少ないので、イージス艦をミサイル防衛に使っている国は米国と日本以外にはありません。

他国がシステムとして導入しないのは、実際にミサイルをミサイルで撃ち落とせるか費用対効果が怪しいからです。弾道ミサイルという「矛」と迎撃システムという「盾」は文字通り「矛盾」する関係にあり、ひとたび導入すれば、無限の軍拡競争という迷路から抜け出せなくなります。

イージス・アショアは米国のハワイに米軍の実験施設が1基あるほか、ルーマニアとポーランドにも1基ずつ置かれていますが、両国が購入したのではなく米軍が配備しています。つまり、米国以外でイージス・アショアを購入するのは日本が世界で最初の国というわけです。

奇妙なのは防衛省が弾道ミサイル対応のイージス護衛艦をこれまでの4隻から8隻に倍増させることを決めた後にイージス・アショアの導入が決まったことです。

将来、イージス護衛艦に搭載する「SM3ブロックⅡA」は射程が広がることから日本列島を防衛するのに必要とされた3隻が2隻に減るにもかかわらず、さらにイージス・アショアが必要だというのです。

防衛省幹部は「中国との間で尖閣諸島をめぐる問題もあるなか、イージス護衛艦を日本海にばかり張り付けておくわけにはいかない」とイージス・アショアの導入により、イージス護衛艦の運用幅が広がると話します。

ここまで話が広がってくると、①弾道ミサイルは必ず日本に飛来する、②ミサイル迎撃システムは必ず迎撃に成功する、という「神話」が現実になるという前提の防衛力整備と考えるほかありません。

しかし、北朝鮮だけを例にとっても、防衛省は「北朝鮮は、我が国を射程に収める弾道ミサイルを数百発保有しています」としています。（防衛省ウェブサイト「イージス・アショアについて」）

迎撃能力を超える弾道ミサイルを発射することは飽和攻撃と呼びますが、そうした研究を北朝鮮が続けていることは『2018（平成29年）版　防衛白書』にも明記されています。

(http://www.mod.go.jp/j/publication/wp/wp2018/html/n1201000.html)

攻撃を計画する側は、必ず、相手が対処しきれない手段を考えるのですから、結局はミサイル防衛システムに投じた巨額の経費は無駄ということになります。高額な精神安定剤ほどの意味しかないのです。

イージス・アショアが引き起こすのは環境問題や財政問題ばかりではありません。ロシアとの関係にも暗い影を落としています。

イージス・アショアの東欧配備で始まった米ロの対立

ロシアとの関係を語るには、東欧におけるイージス・アショア配備の検証から始めなければなりません。

米国はブッシュ米政権当時の2000年、東欧へのミサイル防衛システム配備を表明。2009年には、これを具体化した欧州段階的適応アプローチ（European Phased Adaptive Approach＝EPAA）を発表、その中で北大西洋条約機構（North Atlantic Treaty Organization＝NATO）に加盟する東欧諸国で導入を進めるとしました。

EPAAに沿って2016年5月、ルーマニアでイージス・アショアの運用を開始。続いて2018年10月にはポーランドでの運用が始まりました。

米国の狙いのひとつは、イージス・アショアの配備を隠れ蓑にして、東欧諸国に米軍を送り込むことにありました。米政府は「イージス・アショアはイランの弾道ミサイルに対応するもの」と説明していますが、ロシア側はまったく信用していません。

プーチン大統領は、ルーマニアに配備されたイージス・アショアについて「（米ロの）戦略的バランスを保持するため、あらゆる手段を取る」と述べるなど、強く反発。イージス・アショアは、ロシアの弾道ミサイルを無力化し、米ロ間の核抑止力のバランスを一方的に崩すことになると考えたのです。

ロシアは、対抗措置として２０１６年10月、核搭載可能な新型ミサイル「イスカンデル」をリトアニアとポーランドに挟まれた飛び地のカリーニングラード州に配備しました。この機に乗じてロシアはバルト海沿岸で軍事力を強化し、支配力を強める狙いがあるとみられ、ＮＡＴＯは強く反発しています。

このように欧州ではイージス・アショアの配備をきっかけに、ウクライナ危機以降続く米国とロシア、およびＮＡＴＯとロシア、と対立がさらに深刻化している現実があります。

ロシアは日本のイージス・アショアについても、「米国がアジア地域にミサイル防衛システムを展開することは、ロシアの安全保障に直接関わる問題だ」（ラブロフ外相）などと指摘し、懸念を表明してきました。北方領土交渉でもロシア側はたびたび、イージス・アショアの問題を指摘しています。

実のところ、ロシアの懸念は、杞憂とは言えないのです。

防衛省で導入を検討するイージス・アショアには、米国と情報を共有できる新システム「共同交戦能力（Cooperative Engagement Capability＝ＣＥＣ）」が搭載される可能性があるからです。

ＣＥＣとは、精度の高い敵情報を共有することにより、味方全体で共同して対処する能力のことです。これまでのデータ共有システムでは、自らのレーダーが探知した場合しか迎撃できませんでしたが、ＣＥＣは共有したデータに基づき、遠方にいる味方が迎撃できるようになります。

米海軍で開発されたＣＥＣは、すでに米軍のイージス艦やＥ２Ｄ早期警戒機などに搭載されています。自衛隊も建造中のイージス護衛艦「まや」型や航空自衛隊が導入するＥ２Ｄ早期警戒機にＣＥＣを搭載することが決まっています。

18大綱は「総合ミサイル防衛能力」の項目で「日米同盟全体の抑止力の強化のため必要な措置を講ずる」とあり、日米間の情報共有は「必要な措置」とみなされることになります。

自衛隊と米軍がＣＥＣで結ばれると、米軍の情報に基づき、自衛隊がミサイルを迎撃する場面が出てきます。また、その逆も起こり得ます。憲法で禁じた集団的自衛権行使に触れかねませんが、すでに安保法制は施行され、集団的自衛権行使は一部解禁されているので、18大綱はその前提に立って書かれているのです。

ロシアが懸念しているのは、まさにこうした点です。

イージス・アショアは地上配備された永続的なミサイル迎撃基地です。探知したミサイル情報はリアルタイムで米軍に提供されるので、米軍は日本近海に自国のイージス艦を展開することなく、いつでも米本土を狙った弾道ミサイルの情報を入手し、米軍のミサイルで対処できることになります。

仮にCECを搭載しなくても既存の情報共有システムを通じて弾道ミサイル情報が米国に提供されることに変わりなく、結果的にロシアの核抑止力を低下させます。東欧へのイージス・アショア配備でロシアが懸念した「核抑止バランスの崩壊」が、アジア太平洋でも現実のものとなるのです。ロシアの立場になれば、反対しない方がおかしいでしょう。

また、INF条約が破棄される結果、米ロは欧州における軍拡競争に続いて、太平洋側でも中距離弾道ミサイルの配備検討に入るのは間違いありません。INF条約によって1991年に撤去された極東配備のソ連の中距離弾道ミサイルが再び配備され、日本を射程に収めることになるのではないでしょうか。

対抗措置として、米国は日本への中距離弾道ミサイルの配備を申し出るかもしれません。そのとき、わが国の非核3原則は廃止されるか、骨抜きにされるおそれがあります。

ABM条約の破棄、ミサイル防衛システムの導入、INF条約の破棄と続いた、米国による安全弁の破壊は、ふたたび世界を緊張に陥れようとしています。結果的にその片棒を担いでいるのが日本なのです。

ロシア軍は2016年11月に択捉、国後両島に新型地対艦ミサイルを配備しました。新師団の配備も表明しています。イージス・アショアの配備により、ロシアは北方四島のさらなる軍事力強化に力を入れるでしょう。それは同時に領土返還がいっそう遠のくことを意味します。

F35を105機の大量購入は一石二鳥になるのか

18大綱、中期防の閣議決定があった同じ日に1件の閣議了解がありました。以下のような内容でした。

「F35Aの取得数42機を147機とし、平成31年度以降の取得は、完成機輸入によることとする。新たな取得数のうち、42機については、短距離離陸・垂直着陸機能を有する戦闘機の整備に替え得るものとする」

これは何を意味しているのでしょうか。

F35A戦闘機はF4という老朽化した戦闘機の代替機として機種選定がおこなわれ、42機の導入が決まりました。すでに青森県の三沢基地に13機置かれています。この42機とは別に105機を追加購入するというのです。

しかも、「平成31年度以降の取得は、完成機輸入による」とあります。ということは、今は輸入ではないということです。

また、新たな取得数のうちの42機は短距離離陸・垂直着陸ができるF35Bにするとしています。空母化する護衛艦「いずも」に載せる機体だという意味です。

この閣議了解には、大きな問題が2つあります。

Ｆ35を１０５機も追加するのは、航空自衛隊が保有しているＦ15戦闘機２０１機のうち、近代化改修ができない99機と入れ換えるためです。問題はここからです。

実はＦ15の退役時期はまだ決まっていないのです。Ｆ15は非常に頑丈な戦闘機で、米政府や製造元のボーイング社が機体寿命の延長を続けているからです。

退役時期は決まっていないにもかかわらず、閣議了解では２０１９年度以降から買うことになっています。すると、まだ使える機体を廃棄するか、もしくは安倍政権のもとで始めた武器輸出の候補となるか、ふたつにひとつしかなくなります。

２つ目の問題は、１０５機を輸入することで、Ｆ35Ａの生産ラインが無駄になることです。防衛省は三菱重工業、三菱電機、ＩＨＩの３社に総額１８７０億円を支払って生産ラインをつくらせました。Ｆ４後継の42機のうち、４機は完成機の輸入でしたが、残り38機は国内で組み立てています。

ただし、国内で組み立てながらも防衛省が購入する価格は、米政府が決め、米政府から買うというＦＭＳ方式になっています。

わかりにくいやり方ですが、最終的な組み立ては三菱重工業小牧南工場でおこなうものの、完成した機体は帳簿上、米政府に移され、米政府が価格を決めて、その価格通りに防衛省が購入します。

この方法だと米政府の言いなりの価格で日本が買わされることになり、実際のところ、米国から輸入した最初の４機は１機98億円でしたが、国内で組み立てた機体は１機１８０億円まで値上がりしました。国内組み立て機の価格は、平均すると1機151億円です。輸入機と比べると、国内でつくった方が1機あたり50億円以上も高いのです。50億円以上も高いならば、輸入したほうがいいじゃないかとなります。結局、高過ぎるので、国内組み立てをやめて、米国からの輸入に切り換えるというのが閣議了解です。

米国から購入する105機分の総額は安く見積もって1兆2000億円と言われています。トランプ米大統領が嬉々として「日本がすごい量の防衛装備品を買ってくれる」と話したのは、このことです。

日本にとっては無駄がたくさん出ることになります。使える機体を捨てるか、武器輸出するほかないこと。生産ラインをつくるのに投じた1870億円が無駄金になることです。

武器輸出が成功すれば、喜ぶ人は安倍政権やその支持層の中にはいるでしょうが、過去の反省から武器輸出を禁じてきた日本の国是が揺らぐことに不安を感じる人の方が多いのではないでしょうか。

閣議了解から読み取れるのは「日本はおもしろいように米政府のワナにはまり、引き続き米政府の言いなりになる」という事実です。

もっとも18大綱、中期防、閣議了解が3点セットになって、F35Bの導入を打ち出していますから、空母保有のためには欠くことのできない3点セットでもあります。

首相官邸や自民党の中には「米国から大量の武器を購入してトランプ大統領の顔を立てる一

方、日本はいよいよ空母を持つことになるのだ」と一石二鳥と考える人もいるでしょう。そうなのです。今回の大綱、中期防は米国からの武器の大量購入による「対米追従の姿勢」が際立つ一方で、「いずも」の攻撃型空母化、巡航ミサイルと島しょ防衛高速滑空弾の保有によるスタンド・オフ防衛能力の保有、イージス・アショアの配備によるミサイル防衛能力の強化などを通じて自主防衛と攻撃能力の保有が打ち出されているのです。

対米追従と自主防衛は矛盾するようですが、対米追従は経済面、自主防衛は安全保障面と巧みに棲み分けています。

経済面で対米追従が加速されたのは、米国がトランプ政権になって環太平洋パートナーシップ協定（Trans-Pacific Partnership Agreement＝ＴＰＰ）から離脱したことが影響しています。トランプ大統領は各国との間で自由貿易協定（Free Trade Agreement＝ＦＴＡ）の締結を進めており、日本も例外ではありません。

米国からの輸出品の関税は引き下げさせるか、大量購入を迫り、米国に輸入する物品の関税は引き上げるという米国にとって都合のよい考え方ですが、どの国も大きな貿易相手国である米国の主張は無視するわけにはいきません。

日本から米国に輸出する自動車の関税率は現在2・5％ですが、トランプ氏は25％の追加関税を課すと脅しています。日本の輸出品のトップは全体の15％を占める自動車です。第2位の半導体などの電子製品が5％なのと比べ、いかに自動車の占める割合が高いかわかります。しかも、自動車の輸出先の38・6％は米国なので、「高関税をかけられて米国で自動車が売れなくなったらたいへんだ」というのが日本政府の立場なのです。

米国製武器の輸入は、手っとり早い解決策のひとつなのかもしれません。しかし、武器を買えば、トランプ氏が手を緩めてくれるという保障はどこにもありません。また、大量の武器購入による軍事力強化は、周辺国とのバランスを崩し、力が力を呼んで、地域を不安定化させる要因ともなるのです。

F35Aが青森沖に墜落――世界初の事故が日本で起きた

航空自衛隊の三沢基地に配備されたF35A戦闘機が2019年4月9日、青森県沖で訓練中に墜落しました。同型の戦闘機の墜落は世界で初めてです。

防衛省は4月11日の衆院総務委員会で、事故機は過去2回、飛行中に不具合が発生し、緊急着陸していたことを明らかにしました。墜落の状況と照らすと、事故機は何らかのトラブルを抱えていた疑いが浮上しています。

米国で開発され、秘密だらけのF35Aは、日本側に機体構造など重要な部分は何一つ開示されていません。このため防衛省は単独では事故原因を解明できず、米政府に協力を依頼しました。自衛隊だけでは安全性を確保できないような戦闘機を買い続けてよいのでしょうか。

事故機は夜間の対戦闘機戦闘訓練をするため、9日午後7時頃、4機編隊で三沢基地を離陸。30分後に同基地の東約135キロメートル付近の太平洋上に墜落したのです。

操縦していた細見彰里3等空佐（41）は、三沢基地のレーダーから機影が消える直前、無線通信で「ノック・イット・オフ（訓練中止）」と伝え、間もなく消息を絶ちました。

防衛省関係者は、「F35Aは、AI（人工知能）を含め、最新の電子機器を搭載し、人的ミスを防ぐようつくられている。操縦士が誤った操作をしても機械が修正してくれるほどだ。操縦ミスは、あまり考えられない」と話します。

操縦士が体調不良から「訓練中止」を求めることもありますが、その場合、墜落につながる可能性は極めて低いとみられます。

平衡感覚を失って天地がわからなくなる空間識失調（バーティゴ）に陥り、海に突っ込んだ事故も過去にありましたが、今回の操縦士がどのような状態だったかは不明です。

操縦士が緊急脱出した場合に自動的に発信される緊急信号は、確認されていません。操縦士が緊急脱出の暇もなく墜落した理由は、どこにあるのでしょうか。

同関係者は「個人的な見解だが、機体が突然コントロール不能になる、エンジンが爆発するなどの深刻な事態が発生したのではないか」と推測します。

F35Aは、米空軍でも2016年に部隊配備されたばかりの最新鋭機です。すでに300機以上が生産され、米国のほか、日本、イスラエルなどで採用されています。

米政府は、F35Aの製造元であるロッキード・マーチン社以外の最終組み立て工場を日本とイタリアに置くことを認め、日本では三菱重工業小牧南工場が指定されました。米国と共同生産国がつくった主翼や胴体、エンジン、電子機器が同工場に持ち込まれ、最終組み立てがおこなわれています。

ただし、F35Aの場合、ライセンス料を支払って、国産部品を生産し組み立てるライセンス生産と異なり、海外から集められた部品を組み立てるにとどまります。当初はIHIで米メーカーの開発したエンジンを、三菱電機で同じく米メーカーの電子機器をつくり、小牧南工場で組み込むはずでしたが、計画通りには進んでいません。

組み立てが終わった機体は別棟の検査工場に移され、日本側を排除した中で米軍幹部、ロッキード・マーチン社の技術者など米側だけで最終検査がおこなわれます。最終検査には、F35Aの最大の特徴であるレーダーに映りにくいステルス性のチェックが含まれます。

事故機は小牧南工場で生産された1号機にあたり、米側による最終検査を受けた後、米国に運ばれ、ロッキード・マーチン社でも検査を受けました。

「最終組み立て」の言葉からわかる通り、小牧南工場でおこなわれているのは、米側の指示通りに組み立てることです。部品の大半はブラックボックス化され、その部品の持つ意味も製造技術も日本側には開示されていません。

つまり今回、米側の指示通りに日本側が組み立て、最終検査を米側がおこなった機体が墜落したのです。

機体の不具合が墜落の原因であると仮定すれば、その責任は日米双方にあるようにみえますが、日本以外で生産した約３００機の機体はこれまで1機も墜落していません。米側が日本側に責任を押しつける条件は揃っているのです。

三沢基地に配備された13機のＦ35Ａのうち、４機は米国で製造され、残り9機は日本で組み立てられました。米国製の４機は、米国で航空自衛隊の操縦士の訓練に充てられており、非公表ながら飛行時間は数百時間から１０００時間程度とみられます。

一方、国内で組み立てられた事故機の飛行時間は２８０時間にすぎませんでした。新品同様の機体に不具合があったとすれば、製造上の問題が最初に疑われます。また、設計上の問題が、たまたま当該機に現れた可能性も否定できません。

防衛省は墜落した機体とともにフライトデータレコーダーを海底から回収し、事故原因を調べますが、そもそもブラックボックスの固まりのようなＦ35Ａの事故原因を分析する能力は日本側にはなく、米政府の支援を受けることになりました。

仮に米側のみが分析をおこなうことになった場合、機体の秘匿性から、結果だけを日本側に伝えてくる可能性があります。その場合、事故調査は一方的なものになりかねず、真相にどこまで迫ったのか、日本側が知る術はないことになります。

このような問題が浮上するのは、米政府独特の商法であるＦＭＳでＦ35Ａを調達しているからです。

小牧南工場で最終組み立てがおこなわれた機体は帳簿上、いったん米政府に移管され、米政府の言い値で防衛省が購入します。形式的には米政府の「好意」で売ってもらっている以上、日本政府は、価格はもちろん、米政府が求める生産方式を唯々諾々と受け入れるほかないのです。

この理不尽なFMSの仕組みが、事故の真相解明の妨げとなるおそれはないでしょうか。

もうひとつ懸念されるのは、F35Aが「未完成の機体」ということです。

米会計検査院（GAO）は2018年1月、F35に未解決の欠陥が966件あると発表しました。このうち111件は、「安全性や重要な性能を危険にさらす問題」でした。

2017年6月には、ルーク空軍基地に所属するF35Aで操縦士が酸素不足に陥る事例が5件も発生。いずれも低酸素症のような症状を示しました。

「息ができない戦闘機」が事故を起こさなかったのは奇跡です。

そもそもF35は開発が大幅に遅れ、すでに開発を始めてから20年近く経過しています。米軍は試験運用を続けながら改修し、完成に近づける「スパイラル開発」と呼ばれる手法をとっています。つまり、未完成のまま使い続けているのです。

米軍は開発終了を急ぐあまり、肝心な安全性の確認を疎かにしてはいないでしょうか。また、それはステルス機を渇望するあまり、まともな選定作業を抜きにしてF35Aを選択した航空自衛隊にも共通の問題ではないでしょうか。

機種選定に際して、田母神俊雄航空幕僚長はステルス機について、「のどから手が出ている」と露骨に心証を示しました。2011年の選定作業では、未完成のF35Aがライバル機との競合で不利にならないよう飛行テストを避け、カタログ性能だけでF35Aを選定したのです。

前項で書いた通り、2018年12月の閣議了解によってF35Aは105機まで増強されます。さらに、空母化される護衛艦「いずも」に搭載するため、垂直離着陸ができるF35Bも42機導入することになっています。

このF35Bにはすでに墜落の前例があり、2018年9月、米サウスカロライナ州で米海兵隊機が墜落しました。幸い死者は出ませんでしたが、エンジン燃料管の不具合が原因とみられ、米軍はF35B全機を一時飛行停止としました。

次々にF35を導入したとしても、FMSという不条理なしくみが障害物となり、安全性に確証が持てないようでは話になりません。隊員や基地周辺住民の生命を危険にさらしかねないF35の追加導入は、断念するべきではないでしょうか。

航空自衛隊の戦闘機はすべて戦闘攻撃機に

この閣議了解を受けた自衛隊の「変化」で、見逃されている重要なポイントがひとつあります。

それは「航空自衛隊の戦闘機は、空中戦専門のF15戦闘機を含めて、すべて対地・対艦攻撃が可能な「戦闘攻撃機」に切り替わる」という事実です。

2018年3月31日現在、航空自衛隊の戦闘機は、空中戦の専用機で対地・対艦攻撃はできないF15戦闘機が201機あります。一方、対地・対艦攻撃もできるF2、F4、F35Aは合計148機にとどまるため、航空自衛隊が空中戦に力を入れていることがわかります。

これは航空自衛隊の主任務が、他国の軍用機に日本の領空を侵犯させない「対領空侵犯措置」にあるからです。

各基地の戦闘機は、日本の領空より外側に設けられた防空識別圏に入り込む他国の軍用機に対してスクランブル発進し、領空侵犯を未然に防止します。スクランブルのための緊急発進待機は、三沢基地に配備されて間もないF35Aを除く、3機種すべてで実施しています。

本来の空軍力においては、ミサイルや爆弾を投下して敵を制圧する打撃力が特に重要視されますが、自衛隊は守りに徹するため、「航空自衛隊というより空中自衛隊だ」と自らを揶揄する航空自衛隊幹部もいました。それも間もなく、過去の話になるのです。

今回の閣議了解と18大綱、中期防により、改修できないタイプのF15は長射程の巡航ミサイル「JSM」を搭載できるF35A、F35Bと入れ換わることになります。また、別の巡航ミサイルの「JASSM（ジャズム）」と「LRASM（ロラズム）」は、改修できるタイプのF15とF2への搭載を目指すことになりました。

これにより、F35A、F35B、F15、F2という4機種すべてが巡航ミサイルを搭載できるようになるのです。

政府は「自衛隊には敵基地攻撃能力はない」と答弁してきましたが、18大綱、中期防で、巡航ミサイルの導入のほか、妨害電波を出して敵のレーダーをかく乱させる電子戦機の保有を決定したことにより、自衛隊の「敵基地攻撃」能力は「ない」から「ある」に方向転換することになります。

他国は自衛隊の変化に驚きを隠しません。大綱・中期防の閣議決定を受けて、中国外務省の華春瑩（カ・シュンエイ）報道官は「強烈な不満と反対」を表明しました。

電子戦で米軍をしのぐロシア軍を追走する18大綱

次に安倍首相が18大綱の目玉とした「宇宙、サイバー、電磁波」についてみていきます。これらの新領域と陸海空の従来の領域を統合したのが「多次元統合防衛力」です。クロス・ドメイン構想とも呼ばれています。

サイバー攻撃は世界中でおこなわれていることが、報道を通じて知られていますが、自衛隊は閉鎖された回路である防衛情報通信基盤（Defense Information Infrastructure＝ＤＩＩ）を利用しています。

ＤＩＩは防衛省・自衛隊の主要な駐屯地・基地相互を結ぶ超高速・大容量のネットワークであり、インターネットにもつながる業務系システムの「オープン系」と、自衛隊のみで使われ、外部には閉鎖されている作戦系システムの「クローズ系」があります。

限られた予算で構築されたＤＩＩと比べ、豊富な経費を投じた民間ＬＴＥ網の方が優れていることから、防衛省・自衛隊も民間ＬＴＥ網を活用することにしており、サイバー攻撃を受ける可能性が出てきました。

サイバー攻撃や電磁波攻撃を語るとき、参考になる戦争があります。

２０１４年にあったウクライナ内戦です。ロシアによるクリミア半島の併合をきっかけに親ロシア派の住民や武装勢力とウクライナ政府軍との間であった戦いのことです。

米軍はウクライナ軍に武器を供与するなど間接支援をしたのに対し、親ロシア派を支援したロシア軍は電磁波・サイバー攻撃などを使ってウクライナ軍の組織的戦闘力を無力化することで圧勝しました。

通常戦力を比較すればウクライナ軍は約5万人、ロシア軍は約1万５０００人でウクライナ軍が圧倒的に有利でした。しかし、ロシア軍はサイバー攻撃によってウクライナ軍の通信インフラを破壊、次に電磁波によってウクライナ軍の軍用通信機能を無力化させました。

こうした攻撃の課程でロシア軍はウクライナ軍が軍用通信を使えなくなった場合のバックアップ用に2Ｇ規格の携帯電話を使っていることを把握します。ウクライナ軍の兵士が携帯電話を使うほかない状況に追い込み、その携帯電話にニセ情報を送り込んで部隊に移動を命令し、この命令で集結したウクライナ軍をロシア軍が待ち構えて攻撃し、圧倒的な勝利を挙げたのです。

一連の攻撃を目撃した米欧州軍司令官のベン・ホッジス大将は「ロシア軍の電子戦能力は涙が出るほどすごい」と絶賛。また、米陸軍作戦部長のローリー・バックホー氏は「米陸軍はロシア軍ができる妨害の10分の1もできない」と率直に力量差を認めています。(Russia's Electronic Warfare Capabilities To 2025)

アフガニスタンやイラクで「テロとの戦い」に明け暮れていた米陸軍はウクライナ内戦があった2014年になって、初めて電子戦の分野でロシア軍に大きく遅れをとっていることに気づくのです。

そこで米陸軍は統合電子戦システム(Integrated Electronic Warfare System＝IEWS)計画を立ち上げ、急速な電子戦能力の向上を目指しています。

気がつけば、中国軍も「網電一体戦」のスローガンのもと、領域横断的な防衛力の整備を急速に進めています。

2017年7月30日におこなわれた中国人民解放軍による「建軍90周年」のパレードでは新設されたサイバー・電子戦部隊「信息作戦軍」の存在が明らかになりました。

車両のうえにアンテナ群を立てた各種の周波数を妨害する電子戦装置、通信妨害やレーダー破壊を目的にした各種の電子戦無人機を保有していることが判明しています。

自衛隊は米軍の戦術、技量を学んで成長してきた軍事組織です。米軍が自ら弱点と認めた電子戦の分野を自衛隊も強化すると宣言したのが、18大綱、中期防の「宇宙、電磁波、サイバー」なのです。

電子戦部隊としては、すでに北海道の陸上自衛隊に第1電子戦隊があり、九州に第2電子戦隊をつくる予定です。

電磁波について防衛省は、2018年度防衛費に砲弾のかわりにレーザー光線で攻撃する高出力レーザーシステムの研究に87億円を、電磁パルスを発生させて敵のレーダーや通信網を無力化させるEMP弾（Electro Magnetic Pulse）の研究に7億円を計上しています。すでに新分野へも自衛隊は歩を進めているのです。

先に18大綱は「あんパンを装った激辛カレーパン」と指摘しました。「宇宙、サイバー、電磁波」といった目先の新しさを売りにすることを隠れ蓑にして、攻撃的な兵器も数多く揃えようとする計画だからです。

サイバー、電磁波といった非物理的破壊が先行すれば、ウクライナ内戦のロシア軍のように労せずして勝利することができるはずです。ならば、なぜ、強力な物理的破壊を得意とする攻撃型空母やスタンド・オフ攻撃能力まで持とうとするのでしょうか。

防衛費の大判振る舞いは中期防にはっきり現れています。

5年間の装備品などの調達規模は、過去最大の27兆4700億円。政府はコスト削減などで25兆5000億円に抑える方針ですが、ほんとうに実現できるのか疑問です。

結局、あれも欲しい、これも欲しいという子どものような願望をまるごと認めたのが、中期防なのではないでしょうか。

サイバー攻撃対処とシビリアン・コントロール

民間のＬＴＥ網に入るので、サイバー攻撃に着目してみてみます。

ＤＩＩの「クローズ系」は自衛隊のみの回線なので、通信回路は閉鎖されています。コンピューターも外部とはつながっていません。ですから、コンピューターウイルスの入り込む余地が今のところありません。

防衛省・自衛隊の建物の中でよく騒ぎになるのは、ＵＳＢメモリを差し込んだだけで、サイバー防衛隊が出てくることです。「何をやってるんだ」と電話がかかってくるだけではなくて、サイバー防衛隊の隊員も飛んで来ます。そのぐらい今のところ防衛省のシステムはウイルスから守られているということです。

ところが、18大綱でイージス・アショアの導入が正式に盛り込まれました。イージス・アショアだけではなくて、建造中の新たなイージス護衛艦の「まや」型とＥ２Ｄ早期警戒機は共同交戦能力を持つことになるので、米軍の回線とつながることになります。

イージス・アショアについてはまだ、共同交戦能力まで持つかどうかはっきり決まっていませんが、閉鎖された回路からオープンな回路に移行していく可能性が出てきました。すると、ウイルスが突然攻めてくる可能性が出てきます。

ウイルス防御は、０コンマ０００何秒の間に対処しなければなりません。一体、どこまでサイバー攻撃されたならば、わが国が他国から侵略をされたとみなすのか、その議論は始まってもいません。

武力攻撃が起きた場合には防衛出動が命じられることが自衛隊法で定められていますが、一体、サイバー攻撃のどこからどこまでが武力攻撃なのか、誰にもわからないのです。

しかし、18大綱では「有事において相手方のサイバー空間の利用を妨げる能力など、サイバー防衛能力の抜本的強化を図る」とあり、サイバー攻撃の定義を定めるより先にサイバー防衛能力を高めることを決めてしまいました。

防御するだけで足りなければ、逆にこちらからウイルスを送り込んだりして反撃に出ることも瞬時にやらなければなりません。それは自衛隊制服組がやることになるのです。

わが国は、政治家のもとでの軍事を運用するシビリアン・コントロールを採用しています。では、サイバー攻撃に対して反射神経的に制服組が対応して本当によいのでしょうか。

ミサイル迎撃システムの場合、導入に合わせて自衛隊法を改正し、首相の承認のもとに防衛相が部隊に破壊措置命令を出すことにしました。最終的にミサイル迎撃をするのは制服組ですが、一応、シビリアン・コントロールの枠組みは維持されています。

サイバー攻撃についても、早急に自衛隊法などの改正による手続きを進める必要があるのは言うまでもありません。

第5章

施行された安保法制

適用第1号となった南スーダンPKO

安保法制は、施行されてから早くも3年が経過しました。

2015年の通常国会では野党が「集団的自衛権行使は憲法違反だ」「戦闘地域における米軍の後方支援は武力行使の一体化そのものだ」と追及しました。しかし、施行されてみると、集団的自衛権の行使も米軍の後方支援も実施されていません。

安保法制の枠組みでは可能となっているにもかかわらず、アフガニスタン攻撃やイラク戦争のような大規模な武力行使に米国が踏み切っておらず、日本が米国の戦争を支援する場面が見当たらないからです。

それらは安倍首相は安保法制を議論した国会で「日本を取り巻く安全保障環境がますます悪化している」と繰り返し、安保法制の必要性を強調してきました。その必要性が見当たらないのですから、必要に迫られて安保法制をつくったのではなく、「つくりたいから、つくった」と言えるのが安保法制なのです。その意味では理由らしい理由も見当たらないのに「やりたいからやる」としかみえない安倍首相の進める憲法改正と同一線上にあります。

困ったのは日本政府です。集団的自衛権行使を可能とする「存立危機事態」、また日本の安全に関連のある事態に米軍など他国軍の支援を可能とする「重要影響事態」、世界の平和と安定に関係のある事態に米軍など他国軍の支援を可能とする「国際平和協力対処事態」のいずれ

道路補修するＰＫＯ参加の陸上自衛隊員
（2012年７月５日、南スーダンの首都ジュバで。筆者撮影）

も起きていないのです。

安保法制が国会で議論されていた当時から、政府は安保法制適用の第1号は南スーダンＰＫＯになると想定していました。「なんとか事態」は当面、起こりそうもないのですから。


国連には193カ国が加盟しています。南スーダンは193番目の加盟国にあたります。2011年7月9日に誕生した世界で一番新しい国であり、アフリカでは54番目の主権国家です。

もともとは北部のスーダンに含まれる同一国家でしたが、半世紀以上の内戦を経て、ようやく独立を果たしました。

独立の背景には米国のスーダンへの圧力がありました。南北に分かれる前の旧スーダンの最大の産業は石油生産です。産油量は1日約49万バレルで、アフリカで6位の産油国。埋蔵量は67億バレルとされていました。石油の埋蔵地はその8割が南部に集中します。米国はスーダン政府に対して、南部の独立を認め、実現すればテロ支援国家の指定解除、すなわち経済制裁の解除をちらつかせて南北和平合意を迫り、結局、実現させたのです。すると米国はスーダンにインフラ整備や食糧支援など60億ドルの資金を投入、南スーダンの独立が実現するまで「アメとムチ」と言われる見返りと圧力を繰り返したのです。

資源豊かな南スーダンでの覇権争いに名乗りを上げたもう一つの大国が、中国でした。米国がスーダンをテロ支援国家に指定した後、欧米勢と入れ替わるように中国国営石油会社がスーダンに進出。中国政府は今世紀に入り、「走出去（ゾーチューチー＝海外に出よう）」を合い言葉に自国企業の海外進出を促しています。

中国政府の後押しを受けた企業はリスクや現地の政治問題を無視して利益優先で事業の拡大を続け、南スーダンが独立する前のスーダンで生産される石油の3分の2は中国向けとなるほど影響力を強めました。

2011年7月9日、南スーダンの新首都ジュバで開かれた独立記念式典。キール初代大統領が国家建設への決意を力強く語るとファンファーレとともに歓声が上がり、式典は最高潮に達しました。

国を代表してのあいさつが認められたのは独立に貢献した米国、そして存在感を強める中国の2カ国だけ。米国にとって南スーダンは、エジプト、スーダンなどアフリカ北部イスラム圏とケニア、ウガンダなど南部キリスト教圏との境界にあり、地理的に重要な位置を占める国です。中東・アフリカのイスラム圏との「テロとの戦い」に苦しむ米国にとって、南スーダンを親米国家に引き込む意味は大きいのです。

一方、スーダンとの蜜月関係を築いていた中国は、南スーダンの誕生によってPKOの国連スーダン派遣団（United Nations Mission in Sudan＝UNMIS）が終わるのと同時に立ち上げられた国連南スーダン派遣団（United Nations Mission in the Republic of South Sudan＝UNMISS）に工兵部隊をスーダン側からそっくり移し、南スーダンに寄り添う姿勢を鮮明にしました。ジュバには中国企業の看板が並び、中国系ホテル、中国系レストランが矢継ぎ早に開設されました。

南スーダン側からすれば、支援国を米国と中国の一方に絞る必要はありません。米国と中国を競わせ、双方から利益を得るのが一番です。そうした思いが独立記念式典で米中両国の代表に演説をさせるというしたたかな態度となって現れたのでした。

米国と中国にとっても南スーダンの安全が確保されなければ資源開発どころではありません。米中のアフリカにおける利害は南スーダンで一致したようにみえます。世界の大国から言い寄られるという恵まれた環境下で産声を挙げた南スーダン。順風満帆の船出を迎えたにもかかわらず、なぜPKOが必要だったのでしょうか。

南スーダンの面積は日本の1・7倍。人口は1200万人で日本の10分の1以下でしかありません。政府収入の98％を石油輸出に頼り、他に産業らしい産業はゼロ。せっかく独立したものの、国づくりの支援が不可欠な未熟な国家と言えるでしょう。

一方、国連はＰＫＯの失敗などにより破綻国家となったソマリアの二の舞を避けるため、誕生したばかりの南スーダンの平和と安全を維持し、国づくりを支援する目的でＵＮＭＩＳＳを設立しました。

陸上自衛隊は建国から半年後の２０１２年1月、ＵＮＭＩＳＳに派遣され、ジュバの宿営地を拠点としました。南スーダンには北部のスーダンとの間で特段の紛争はなく、国内における紛争も発生していませんでした。海外における武力行使を禁じた憲法上の歯止めにあたる参加5原則のうち、「紛争当事者間の停戦合意の成立（停戦の合意）」は最初から存在しないＰＫＯへの参加となったのです。

ＰＫＯ協力法は「停戦の合意」がない場合の自衛隊参加を想定しており、第3条1項のカッコ書きの中で（武力紛争が発生していない場合においては、当該活動が行われる地域の属する国の当該同意がある場合）と定め、相手国の同意のみで派遣可能としています。

ただ、南スーダンは内紛の芽を抱えていました。独立するまではスーダンと対立することで歩調を合わせていたキール大統領の属するディンカ族とマシャル副大統領のヌエル族が対立を深め、２０１３年12月、首都ジュバで大統領警備隊同士の衝突が発生、次第に大統領派と副大統領派による部族間の大規模な武力紛争に発展していくのです。

武力紛争の解決のために設立されるのが一般的なＰＫＯなのに対し、南スーダンではＰＫＯ

が設立された後に武力紛争が起きるという逆の展開となったのです。

「宿営地の共同防護」をやらないと決めた隊長

２０１６年7月、安保法制の施行から3カ月が経過したところで、大統領派と元副大統領による内戦が再燃しました。

発端は7月7日夜に起きた銃撃戦でした。

7日午後8時頃、ジュバ市内を横断し、大統領府まで延びるグデレロードで政府軍と反政府勢力の銃撃戦があり、政府軍3人が死亡、反政府勢力の2人が負傷しました。反政府勢力が車両検問を強引に通過しようとして政府軍が過剰反応したことが原因とされています。

これに先立つ、2日にはジュバ市内で反政府勢力の2人が殺害される事件が起きています。治安悪化の防止と独立記念日を9日に控え、政府軍と国家治安局が武器捜索のための検問や夜間巡回など、警備を強化している中で発生したのが7日の事件でした。

やがて事態は最悪の方向に拡大していきます。8日午後5時半頃、7日に発生した事件をめぐり、大統領府で協議中、周辺で銃撃戦が発生。大統領府近くから黒煙が上がり、攻撃ヘリコプターや戦車まで動員される本格的な戦闘に発展。この戦闘で合計１５０人が死亡。他の地域で起きた銃撃戦と合わせて２７０人が死亡しました。

午後7時頃、キール大統領とマシャル副大統領はラジオで鎮静化を呼び掛け、9日になって銃撃戦は減少したものの、10日になって陸上自衛隊の宿営地があるトンピン地区で銃撃戦が再燃したのです。

「鉄帽、防弾チョッキを着用！」

10日午前11時、トンピン地区。号令とともに陸上自衛隊の施設部隊に緊張が走りました。宿営地は日本を含め、6カ国の部隊が同居しています。自衛隊の区画から100メートルしか離れていないビルに立てこもった反政府勢力とこれを排除しようとする政府軍が宿営地を挟んで撃ち合いを始めました。銃弾は隊員350人が避難した建物のすぐ上を飛び交いました。

きしむ音を響かせた政府軍の戦車が自衛隊の横で止まり、「バスーン！」という発射音とともに振動が建物を揺さぶります。砲弾は通称・トルコビルの8階に当たり、大穴を空け、破片は真下の住宅地に落ちました。

住宅地の住民たちは、宿営地に押し寄せてきます。PKOに参加しているルワンダ軍が自らの区画に誘導すると、住民に反政府勢力が紛れ込んでいるとみた政府軍はルワンダ軍めがけて迫撃砲を撃ち込みました。すると隣接したバングラディシュ軍が政府軍に向かって発砲を始めたのです。

地元民とPKO部隊の間で対立が深まれば、混乱の極みとなり、PKO部隊に死者が出たソマリアPKOの二の舞になりかねません。幸い、撃ち合いは日没には収まりました。

帰国後、施設隊長だった中力修1佐にインタビューしました。

「自衛隊から離れているので他国軍の状況はわからなかった。バングラディシュ軍が発砲したと後に知り、「なんてことするんだ」と思った。相手に宿営地を攻撃する理由を与えてしまうからです」

宿営地を他国部隊とともに武器を使って守る「宿営地の共同防護」は3カ月前、安保法制が施行されて以降、いつでも実施可能となっていました。政府軍がなだれ込む事態になれば、自衛隊は発砲に踏み切ったのでしょうか。

「それはない。自衛隊は道路補修をおこなう施設部隊です。UNMISS工兵科の指図を受けています。宿営地を守るのは治安維持を担う歩兵部隊の役割。同じ宿営地にいたエチオピア軍など他国の歩兵部隊が命じられることになります」

中力1佐は部隊に与えられた任務をふまえ、法的に可能であっても他国軍を守るための発砲は「やらない」と決めていたというのです。武器使用の拡大を図った安保法制は指揮官の考えひとつで実施されることも、実施されないこともあると証明されたのです。

7日夜の銃撃戦以降、ジュバ市内の治安状況が悪化したことにより、それまでジュバ市内やUNMISS司令部で続けてきた自衛隊による施設整備が継続できなくなり、トンピン地区内での給水などの活動に限定され、避難民支援という新たな活動に軸足を移していきました。

中力1佐の率いる第10次隊が残した「日報」には「市内での突発的な戦闘への巻き込まれに注意が必要」（10日付、11日付）、「停戦合意は履行されているものの、偶発的な戦闘の可能性は否定できず、巻き込まれに注意が必要である」（12日付）とあり、注意を促すために赤字で強調して書かれています。あちこちに「戦闘」「銃撃戦」「襲撃」の文字も出てきます。

自衛隊は本来、予定していた施設整備を継続することができず、宿営地にこもり、活動を避難民支援に変更することを余儀なくされたのです。

PKO参加5原則の「停戦の合意」が成立しているか極めて怪しい状況にあり、現に部隊は活動の中断に踏み切っています。政府は参加5原則のほか、派遣を続ける条件として「有意義な活動が実施できること」「隊員の安全が確保できること」の二点を挙げていますが、この2条件も風前の灯火だったことがわかります。

ジュバで戦闘が発生後、自衛隊機を使った邦人輸送も実施されました。航空自衛隊のC130輸送機3機が愛知県の小牧基地から出発し、13日夜にはジブチにつくられた海賊対処のための海上自衛隊基地に到着しました。翌14日にジュバ空港で邦人を空輸する計画でしたが、行き違いがあり、C130は1機だけジュバに派遣され、日本大使館員4人を載せて、ジブチまで戻りました。

まともな理解力さえあれば、ジュバで戦闘が発生し、派遣された部隊が危機に直面したことは誰の目にも明らかです。しかし、安倍内閣の見方はまったく違ったのです。

菅義偉官房長官は11日の会見で、「武力紛争が発生したとは考えていない。参加5原則が崩れたとは考えていない」と述べ、陸上自衛隊部隊を撤収させる考えがないことを明言しました。

宿営地に逃げ込んだ部隊の頭越しに銃撃戦があったとの第1報はただちに防衛省から官房長

官に入ります。部隊が極限状況まで追い詰められてもなお派遣を継続させる背景に、「撤収させない」という政府の強い意思があったと考えるほかありません。

それは「安保法制の適用第1号は、南スーダンPKO以外にない」という「安倍内閣のお家の事情」ではないでしょうか。安倍首相自ら「国民の理解は深まっていない」と言わなければならないほど拙速な国会審議を経て、強行採決してつくった安保法制。いつまでも「適用事例なし」では通らないと考えたのではないでしょうか。

「落ち着いている」と日本政府、国連は「危険極まりない」

安倍首相は自らが要請して立候補させ国会議員になった稲田朋美防衛相を現地視察のため、銃撃戦から3カ月後の10月8日、南スーダンへ派遣します。

白パンツにかかとの高いブーツ姿という視察にはおよそ相応しくない格好でジュバ空港に降り立った稲田氏の滞在は、ジュバのみでわずか7時間。UNMISS代表らとの会談が多かったうえ、武力衝突が起きた現場を慎重に避けて通りました。表面的な視察に終始したのです。

防衛省は安全確保に万全を期すためとして報道機関の同行者を4人に限定、稲田氏や同行者は陸上自衛隊の防弾仕様の4輪駆動車に分乗してジュバ市内を移動しました。車列の前後には小銃を構えた政府軍兵士が20人ずつ乗るトラック2台が警戒のために護衛に付きました。

想定外だったのは南スーダン閣僚との会談でナイル川にかける橋脚工事の視察を要請され、

急きょ、向かわざるを得なかったことでした。小一時間かけてうねるような未舗装の悪路を進みました。一部は自衛隊が補修した道路でしたが、ぬかるみに戻っています。PKOとして2番目に長い4年を超える派遣となり、道路補修を続けているのに道路状況はまったく改善されていないのです。

国連の予算不足で舗装のためのアスファルトが買えず、砂利を固めるだけの簡易舗装にとどまるからです。補修しても雨が降れば悪路に逆戻り。積み上げた途端、鬼が壊してしまう「賽の河原の石積み」と変わりありません。

治安情勢の悪化から国際協力機構（Japan International Cooperation Agency＝JICA）は退避と復帰を繰り返し、稲田氏が視察した時点では国外へ退避中。NGOの日本人スタッフも危険を避けて南スーダン国外にいました。官民挙げて日本を売り込む目的で始めた「オール・ジャパン」の取り組みは崩壊。自衛隊派遣だけが変わりなく続いていたのです。

最後に稲田氏は第10次隊がトンピン地区で避難民向けの退避壕を建設している現場に現れました。肝心の視察はわずか5分で、これを最後にすべての日程を終えました。報道陣に感想を求められた稲田氏は、「落ち着いていると目で見ることができた。意義があった」と述べました。

第10次隊は大穴が空いたままのトルコビルを指さし、7月にあった戦闘の様子を伝えています。さらに終始、政府軍兵士に守られた防弾車両に乗って移動しての感想がこれです。

帰国後、稲田氏は安倍首相に「比較的落ち着いている」と報告。この報告などを踏まえ、安倍首相は11月15日、国家安全保障会議で「駆け付け警護」を新任務として付与することを決め、続いて、「駆け付け警護」を盛り込んだ実施計画を閣議決定しました。同時に閣議決定ではありませんが、「宿営地の共同防護」も認めるとしたのです。

国連の状況認識はまったく異なっていました。潘基文（バン・ギムン）事務総長は同月14日までに南スーダンの治安情勢などに関する最新の報告書をまとめました。

報告書は、国連の専門家が8月12日から10月25日までの情勢を分析し、「ジュバやその周辺の治安情勢について「Volatile（不安定な、流動的な）」状態が続いている。全体としての治安は悪化し、政府軍が反政府勢力の追跡を続けている中央エクアトリア州の悪化が著しいと明記した。同州にはジュバが含まれている」と書かれていたのです。

たった7時間の視察で、しかも戦闘があった地域を外して「比較的落ち着いている」とする稲田氏に対し、2カ月以上の長期間の調査で「治安悪化が著しい」とする国連の専門家たち。どちらの状況判断が正確か言うまでもありません。

政府は「駆け付け警護」を閣議決定する前の10月25日、「派遣継続に関する基本的な考え方」を公表しています。「治安情勢は極めて厳しい」としながらも、ＰＫＯに関して「こうした厳しい状況においても、南スーダンには世界のあらゆる地域から60カ国以上が部隊等を派遣している。現時点で、現地の治安情勢を理由とし部隊の撤収を検討している国があるとは承知していない」と書いています。

これは政府お得意の「言い換え」にほかなりません。「部隊の撤収」にのみ着目していますが、UNMISSへの参加には「部隊参加」、要員のみを派遣する「個人参加」のふた通りあり、7月の戦闘で警察を育成する文民警察部門に「個人参加」していたドイツ、英国、スウェーデンはいずれも要員を引き揚げています。都合の悪い情報は伏せて、都合のよいことだけ強調するのが日本流のようです。

稲田防衛相が「戦闘」を「衝突」と矮小化した理由

稲田氏は国会で「日報」にたびたび登場した「戦闘」という言葉を「衝突」と言い換えました。「戦闘」と「衝突」とどこが違うのでしょうか。

政府は「戦闘」の下に「行為」を付け、法的な意味における「戦闘行為」について「国際的な武力紛争の一環として行われる人を殺傷し、または物を破壊する行為」と定義し、「国際的な武力紛争」とは「国家又は国家に準ずる組織の間において生ずる武力を用いた争いごと」と定義しています。さらに「国家に準じる組織」とは「系統立った組織性を有する」「支配を確立するに至った領域がある」の2点に当てはまる組織を指すとしています。ちなみに「衝突」の定義は存在しません。

稲田氏が「戦闘行為」との法律用語を使って、「戦闘行為はなかった」と強調するのは、政府にとって2つの不都合な真実が隠されているからです。

2016年7月、ジュバで起きたキール大統領の政府軍とマシャル前副大統領が率いる反政府勢力による大規模な武力衝突を「戦闘行為」と認めた場合、政府軍は国家に該当し、反政府勢力は国家に準じる組織に該当することになり、日本の国家組織である自衛隊がそのうちのどちらか、もしくは双方と撃ち合った場合、憲法で禁じた武力行使となるおそれがあります。同時に「戦闘行為」の発生はPKO参加5原則の「停戦の合意」の破綻につながり、自衛隊は撤収しなければならなくなります。これが1つ目の不都合です。

2つ目の不都合は、2014年7月1日、憲法解釈を変更して集団的自衛権行使を一部解禁した閣議決定に疑問符が付くからです。

このときの閣議決定項目は多岐にわたりました。自衛隊のPKO参加については「参加5原則の「派遣の同意」があるなら自衛隊の前に国に準じる組織が敵対するものとして現れない」との趣旨の閣議決定をしています。自衛隊の近くで起きているのが「戦闘行為」とすれば、自衛隊の前に「国に準じる組織」が現れたことになり、閣議決定と矛盾します。その結果、「閣議決定は誤り」となりかねず、この閣議決定を反映させた安保法制の正当性が疑われることになります。

「戦闘行為はなかった」と稲田氏が頑なに繰り返したのは、こうした理由からだと考えられます。そして、稲田氏が言いたかったのは、こういうことだと思います。

南スーダンの反政府勢力は「系統立った組織性を有する」組織ではなく、「支配を確立するに至った領域がある」組織でもないので、「国家に準じる組織」には該当しない。したがって、「戦闘行為」の当事者ではあり得ない。反政府勢力が政府軍との間でどれほど激しく戦闘したとしてもそれは法的な意味の「戦闘」ではなく、単なる「衝突」にすぎない――。

政府は南スーダンPKOを安保法制の適用第1号とするため、事実をねじ曲げ続けたと考えるほかありません。

政府は「駆け付け警護」を閣議決定した日に「新任務付与に関する基本的な考え方」を発表しています。

この「考え方」によると、南スーダンの治安維持は警察と政府軍が責任を持ち、これをUNMISSの歩兵部隊が補完すること、さらに自衛隊は施設部隊であり、治安維持の任務はないことを確認しています。

したがって、自衛隊が「駆け付け警護」に踏み切るのは自衛隊の近くでNGOなどが襲われ、近くにUNMISSの歩兵がいないなどの極めて限定的な場面に限られ、しかも自衛隊の能力の範囲内でおこなうとしています。具体的にはジュバ在住の日本人のみを対象に「駆け付け警護」するというものでした。

当時、ジュバにいた日本人は1人の尼さんを除けば日本大使館員か、国連職員で約20人にすぎませんでした。大使館員や国連職員が襲撃される可能性は極めて低いのは、日本や国連を攻撃対象にする理由がないことから明らかです。

たまたま自衛隊の目の前で日本人が襲われ、たまたま近くに警察もＵＮＭＩＳＳの歩兵部隊もおらず、たまたま自衛隊の能力で対処可能な武装集団だったなどのいくつもの偶然が同時に起きなければ、自衛隊は「駆け付け警護」に踏み切ることはありません。そんな偶然が重なる確率はどれほどあるでしょうか。

安倍政権は自衛隊に犠牲者が出れば、責任が問われると読んで、「新任務は与えるが、危険は避ける」と決断したと考えるほかありません。結局、自衛隊は「駆け付け警護」に踏み切ることはありませんでした。

「安保法制は南スーダンＰＫＯにおける「駆け付け警護」の任務付与によって初めて適用された」というアリバイじみた実績を残すだけとなったのです。

首相補佐官が来て突然、撤収を命令

南スーダンＰＫＯの幕引きは突然でした。

２０１７年３月10日、ジュバの宿営地でＰＫＯに参加している陸上自衛隊施設部隊の隊員が整列する前で日本から来た柴山昌彦首相補佐官が活動の終了を告げたのです。

施設部隊は海外派遣の司令部にあたる陸上自衛隊中央即応集団（当時。現在は廃止）と毎日、連絡をとっていました。第11次施設隊を率いた田中仁朗１佐は帰国後、私の取材に「日本から

「撤収を決めた」との情報はありませんでした。補佐官から訓示をもらって初めて撤収を知ったのです」と唐突な幕引きだったことを明かしました。

撤収は前日の国家安全保障会議で決まりました。突然の決定だったことは陸上自衛隊が次の派遣部隊を選び、訓練を始めていたことからもわかります。

ＰＫＯ派遣の場合、持ち込んだブルドーザーやショベルローダーなどを寄付して、自衛隊撤収後も地元民だけで道路補修などができるようオペレーターを養成してから帰国します。半年から1年も前に帰国の日程が決まり、その日程に合わせて地元の人々の教育が始まるのです。

南スーダンＰＫＯは急に政府が撤収を決めたので何の準備もできず、重機類はＵＮＭＩＳＳに寄付するだけで終わりました。なぜ、急な幕引きだったのでしょうか。

この頃、日本では南スーダンＰＫＯに派遣された部隊の「日報」問題が騒ぎになっていました。廃棄したとされる施設部隊の日報が保管されていた事実が判明、野党は「隠ぺい工作だ」と鋭く追及しました。稲田氏が日報にあった「戦闘」を「衝突」と言い換えたことも問題視されていました。

安倍首相は自衛隊に死傷者が出た場合、「首相を辞任する覚悟はあるか」と野党に詰め寄られ、「もとより、そういう覚悟を持たなければいけない」と述べました。隊員に死傷者が出たとすれば、首相は辞めると自ら宣言したのに等しいのです。

続いて浮上したのが森友学園問題です。国有地を大幅に値引きして森友学園側に払い下げた背景に安倍首相の妻、昭恵氏の関与があったのではないかと疑われました。

安倍首相は国会で追及され、「私や昭恵が関わっているとわかったならば、総理大臣はもちろん国会議員も辞める」と断言したのです。

これで安倍首相が首相を辞める要件が2つそろったことになります。森友問題は過去に起きた問題ですから、今さらどうしようもありません。国会で答弁に立った官僚がウソをついたり、証拠となる公文書を隠したり、改ざんしたりすることしかできず、実際に官僚たちは安倍首相の立場を忖度してそんな不正を働きました。

しかし、南スーダンPKOで発生するかもしれない死傷者は未来の問題です。撤収すれば、不安はたちまち解消します。実際に撤収表明により、野党の追及は終息へと向かいました。安倍政権の不安材料のひとつが消えたも同然でした。


現地の状況はどうだったのでしょうか。

「ジュバに着いたばかりの頃は、毎晩、銃声が響いていました。12月下旬になり、南スーダン政府が治安維持に本腰を入れると銃声はほとんど聞こえなくなった」と田中1佐。治安は劇的に改善され、第11次隊は年明けから活動を本格化させていました。

補修した道路は約108キロと、第10次隊までの平均15キロ弱と比べて最も長く、安全に活動できたことを裏付けています。孤児院の慰問や空手大会の支援など、地元との交流もありました。こうした活動のすべてを断ち切るように、撤収命令が出されたのです。

日本政府の判断は正しかったと言えるでしょうか。

撤収命令を出すならば、ジュバの宿営地で自衛隊の頭越しに銃撃戦があった2016年7月に出すべきでした。しかし、このとき安倍政権は動きませんでした。「駆け付け警護」を命じ、安保法制が初適用されたという既成事実化を図ったのちに撤収命令を出したのです。

そこに隊員の安全を第一に考えるという自衛隊最高指揮官（＝首相）としての責任は感じられません。治安が回復したのだから活動を継続させようという国際貢献の視点もありません。自衛隊は安倍首相が首相としての立場を維持するために「私兵」のように扱われたのではないでしょうか。

「駆け付け警護」の合法化を求めた陸上自衛隊

誤解がないよう説明しておかなければならないことがあります。

南スーダンPKOで安倍政権が自衛隊の現場に押しつけたようにもみえる「駆け付け警護」は、実は陸上自衛隊が長年にわたり、合法化を求めていました。過去のPKOで、ひそかに「駆け付け警護」に踏み切った事実があったからです。

カンボジアPKOの例をみてみましょう。1993年にあったカンボジア総選挙前、旧カンボジア政府でもある武装組織「ポル・ポト派」による日本人警察官の殺害事件が発生しました。現地入りしていた日本人41人の選挙監視員をどう守るか国会で議論になり、「ＰＫＯに参加している自衛隊に守らせるべきだ」との声が高まりました。

しかし、施設復旧が任務の自衛隊は邦人を警護できません。国に準じる組織とみなされるポル・ポト派と撃ち合えば、憲法違反となるおそれがあります。そこで陸上幕僚監部は、選挙監視員が襲撃された場合、隊員が撃ち合いの場に飛び込み、当事者となることで正当防衛・緊急避難を理由に選挙監視員を守るという理屈を生み出し、現地部隊に伝えたのです。「人間の盾」になれというのです。

部隊は補修した道路や橋の「視察」を名目に、実弾入りの小銃を持って投票所を偵察する「情報収集チーム」（48人）と、襲われた選挙監視員を治療する「医療支援チーム」（34人）を編成しました。医療支援はもちろん偽りの看板にほかなりません。チームは戦闘能力の高いレンジャー隊員で編成されましたが、総選挙は何事もなく終わり、帰国した施設大隊は防衛庁長官から最高賞の一級賞詞を与えられ、カンボジアＰＫＯの現実は闇に葬られたのです。

１９９４年のルワンダ難民救援では、隣国ザイールに派遣された陸上自衛隊が「輸送」の名目でトラックを強奪された日本人医師を難民キャンプから救出しました。２００２年、東ティモールＰＫＯに派遣された陸上自衛隊は暴動を逃れようとした現地日本人会から救援要請を受けました。現場の判断で国連事務所の職員や料理店のスタッフら日本人17人に加え、７カ国24人の外国人をやはり「輸送」の名目で救出したのです。

実際には任務にない「駆け付け警護」だったにもかかわらず、憲法違反との批判を避けるため、苦し紛れに「視察」や「輸送」と説明してきました。

ＰＫＯにおける自衛隊の役割とは何か、人道面で役割拡大の必要があるのか、原点にかえって議論すべき場面は何度もありました。しかし、「駆け付け警護」を実施した事実がほとんど知られなかったこともあり、法案に賛成だった自民党は知らんぷりを決め込みました。法案成立に強く反対した野党は同法成立後、急速に関心を失い、「自衛隊にお任せ」となり、なし崩しのうちに自衛隊の任務は拡大していったのです。

その結果、制服組が政治家に働きかけ、「駆け付け警護」を安保法制のひとつに取り込むよう求め、ようやく合法化されることになったのです。

ただし、実施にあたっては問題が残りました。自衛隊は軍隊ではないので武器使用が抑制的に定められています。相手に危害を与える危害射撃は原則として禁じられており、「駆け付け警護」が合法化された今も「現在の武器使用基準のままでは任務遂行に支障がある」と考える陸上自衛隊幹部は少なくありません。

憲法改正されて自衛隊が事実上の軍隊となった場合には、武器使用基準が緩和されることでしょう。そうなれば任務遂行のための武器使用が全面的に解禁されて、危害射撃が可能となり、自衛隊は現在のＰＫＯでは参加が困難な武装解除、巡回などをおこなうＰＫＦ（United Nations Peacekeeping Force）にも参加可能となることでしょう。

自民党などが求めているのはこのＰＫＦへの参加ですが、現在はＰＫＦに発展途上国が数多く参加し、国連から兵士に支払われる日当が貴重な外貨獲得の手段となっています。そこに割り込むのが先進国のあるべき姿とはとうてい思えません。

日本は日本らしく技術を活かして、これまで通り、「道路を直す」「橋をかけ替える」といった「国づくり」「人助け」への参加がふさわしいのではないでしょうか。

南スーダンＰＫＯで「駆け付け警護」を命じながらも政府自らが実施のハードルを上げ、対象を日本人に絞ったこと自体、国際社会から自己中心的と批判されかねません。分相応、なにより憲法を遵守した海外活動に徹するべきだと考えます。

シナイ半島に陸上自衛隊幹部を派遣

安倍首相は２０１９年４月２日、エジプトのシナイ半島でイスラエル、エジプト両国軍の停戦監視活動をおこなう「多国籍軍・監視団」（The Multinational Force & Observers＝ＭＦＯ）に、司令部要員として陸上自衛隊の幹部２人を派遣する実施計画を閣議決定しました。

自衛隊の参加できる平和維持活動は国連が実施するＰＫＯに限定されていましたが、安保法制は国連が統括しない「国際連携平和安全活動」への参加も認めました。今回は初めての適用となります。

ＰＫＯや国際連携平和安全活動への参加は、部隊派遣と個人派遣があり、今回は個人派遣となることから、国会の事前承認は不要とされています。

しかし、自衛隊にとってはＰＫＯ以外の平和維持活動への派遣は初めてです。政府は活動の中身を国会に報告し、国会は法的整合性と参加の是非を議論する必要があるのではないでしょうか。


ＭＦＯは、１９７９年、米国が主導した和平条約に基づいて創設され、シナイ半島におけるイスラエル軍とエジプト軍の動きを監視しています。12カ国から約１２００人の兵士が派遣されており、部隊の主力は米軍となっています。

ソマリアで多くの犠牲者を出したことをきっかけに、ＰＫＯでは部隊派遣をやめた米国がここでは主役となっているのです。

現地の治安情勢に関する新聞報道によると、２０１１年のエジプトで起きた民主化運動「アラブの春」以降、過激派組織がテロを繰り返すようになったのを受けて、ＭＦＯの活動は大きく変わったそうです。

イスラエル軍とエジプト軍は衝突するどころか、「広範囲に協力」（エジプト・シシ大統領）して掃討作戦を展開しているそうです。（２０１９年３月17日東京新聞「核心　歯止めなき「国際連携活動」　自衛官　シナイ半島派遣へ　実態は形骸化　安保法実績狙う」）

停戦監視の任務が過激派対処に変化しているのだとすれば、「エジプトとイスラエルの停戦監視活動に貢献する」（菅義偉官房長官）との説明は筋が通りません。シナイ半島はテロ攻撃が続きます。隊員の安全は確保できるのでしょうか。

国際連携平和安全活動は、国連が統括していません。活動の中立性・公平性を重視する国連が統括していないのですから、注意深く、活動の実態を探る必要があります。

岩屋毅防衛相は国会で、MFOから派遣要請があったこと、MFOはローマに本部があることから国際機関に該当すると説明しました。

立憲民主党の本多平直衆院議員は、「MFOが国際機関に当たるなら、あらゆる多国籍軍の要請があれば派遣できる。危険な一歩だ」と批判しています。

そんなMFOに自衛隊を派遣することになったのは、安倍首相が突然に命じた南スーダンPKOからの撤収と深く関係しています。

南スーダンPKOからの部隊の撤収により、1992年から続いていたPKOの部隊派遣の歴史は途絶えました。防衛省は、「積極的平和主義」を掲げ、自衛隊の積極活用を進めたい安倍首相の意をくんで、次のPKO参加を模索しました。

世界14カ国・地域で実施されているPKOのうち、地中海に展開するキプロスPKOのように安定して欧州から近く、国際社会も注目するPKOは古参の国々が席を譲りません。アフリカで展開中の7つのPKOは、いずれも危険な活動となるのは明らかで、自衛隊が参加できるPKOはひとつもありませんでした。

そこでやむを得ず、国際連携平和安全活動への参加となったのです。

ＭＦＯへの参加は、多国籍軍への参加に道を開く可能性があります。その場合、部隊参加となれば、国会の事前承認が必要となるので野党の追及は必至ですが、与党が多数を占める国会でどこまでブレーキがかけられるのでしょうか。

安保法制は、底無しの広がりを見せ始めています。

第6章

はじまった米軍防護、揺らぐ防衛政策

「自衛官」の判断で集団的自衛権行使も

政府が第2弾として安保法制の適用を命じたのは、自衛隊が米軍を護衛する「米艦防護」でした。

冷戦当時、日本がソ連から侵略を受け、米国が参戦するような場合、米海軍は空母とその護衛の巡洋艦、駆逐艦からなる空母打撃群を日本周辺に派遣する計画でした。やってきた空母打撃群を護衛するのが海上自衛隊の重要な役割だったのです。

そのために海上自衛隊は潜水艦を探知して攻撃する対潜能力を持つ哨戒機や対潜能力や防空能力を併せ持つ護衛艦を数多く揃えているのです。

平時や日本有事には至らないまでも情勢が緊迫した事態で米艦艇が攻撃された場合、自衛隊はこの米艦艇を守ることはできません。

日本有事であれば来援した米艦艇を防護することは個別的自衛権の範囲に入り、合憲との政府見解が示されていますが、有事以外で米艦艇を防護すれば憲法で禁じた集団的自衛権の行使とみなされるからです。

2001年の米同時多発テロを受けて横須賀基地から出港した米空母を、防衛庁設置法の「所掌事務の遂行に必要な調査及び研究」を根拠に事実上の護衛をし、やり過ぎだと自民党からも批判されたこともあります。

「常時、米艦艇を守ることはできない」

これが海上自衛隊にとって大きな悩みでした。

海上自衛隊は、安保法制に米艦防護を盛り込むよう強く求め、実現しました。安保法制で自衛隊側が求めたのは、「駆け付け警護」と「米艦防護」の2項目だったのです。

第1回目の米艦防護は新聞報道が先行したため、新聞・テレビが取材する中で実施されました。2017年5月1日のことです。

神奈川県の横須賀基地を出港した海上自衛隊の護衛艦「いずも」は、房総半島沖で米海軍横須賀基地を出た米海軍の貨物弾薬補給艦「リチャード・E・バード」と合流し、四国沖へ向かいました。

また、護衛艦「さざなみ」は2日午前、広島県の呉基地を出港して豊後水道を南下して太平洋に出た後、3日に四国沖で2隻と合流。「いずも」「さざなみ」は米補給艦を護衛しながら航行したのです。

この間、護衛艦の艦載ヘリコプターを補給艦に着艦させ、護衛艦が補給艦から燃料の補給を受ける手順を確認するなどの訓練を実施したとされています。

安保法制のひとつである改正自衛隊法95条の2は〈米軍等の部隊の武器等防護〉を定めています。ただし、条件があって、防護する相手が「わが国の防衛に資する活動」、つまり日本防衛をしていなければなりません。

ただ、並んで走っているだけでは日本防衛をしていることにはならないので、ヘリの発着や洋上補給などの共同訓練を実施したのです。逆にいえば、米艦防護をするためには共同訓練の形式を整えさえすれば、可能ということです。

この95条の2は主語が「自衛官」となっています。条文を要約すると「自衛官は米軍など他国軍の武器を守るために武器使用できる」となります。95条の2の2で「米国などからの要請があり、防衛相が認めるときに限り」との条件付きですが、シビリアン・コントロールの体裁をとりつつも、最終的な武器使用の判断は自衛官に任せています。

これは大きな問題です。

護衛艦の艦長は2佐から1佐の幹部とはいえ、制服組であることに変わりありません。防護すべき米艦艇が攻撃を受けた場合、自衛隊が反撃すれば、外形的には集団的自衛権の行使とみなされても仕方ありません。

ひとりの自衛官の判断で日本は米国と他国との間の戦争に巻き込まれる可能性があるのです。米国の場合、集団的自衛権行使を命じることができるのは大統領と国防長官の2人だけと限定しています。軍隊を持ち、世界各地で戦争をしてきた米国と比べ、軍隊を保有せず、戦争もしてこなかった日本の方が武力行使のハードルが低いという倒錯した事態を招いているのです。

公表されない米艦防護、米航空機防護の中身

２０１８年1月22日、安倍首相は通常国会初日の施政方針演説で「北朝鮮情勢が緊迫するなか、自衛隊は初めて米艦艇と航空機の防護の任務に当たりました」と米軍防護を初めて公表しました。

ここで初めて国民は、米軍防護が実施されたことを知るのですが、前述の通り、新聞・テレビの報道により、２０１７年5月に護衛艦が米補給艦を防護した事実は周知の事実となっていました。首相は「航空機の防護」も挙げていますが、こちらは初耳です。

そもそも米艦艇や米航空機の防護を実施した事実があるのに、なぜ政府は公表しないのでしょうか。

「自衛隊法95条の2の運用に関する指針」の中に「防衛相は、毎年、前年に実施した警護の結果について、国家安全保障会議に報告する」とあります。

ある年の1月から12月までに実施した米軍防護は翌年になって国家安全保障会議に報告されるので、公表は当然、「国家安全保障会議に報告した後」となります。仮に報告が翌年2月なら前年1月におこなった米軍防護は1年以上もたって、私たちは初めて知ることになります。

実際の運用をみると、２０１７年中におこなった米軍防護は２０１８年2月5日の国家安全保障会議に報告されました。同日、防衛省で記者クラブに「お知らせ」と書かれた1枚紙が配

布されました。

米艦艇、米航空機の防護は「共同訓練」のそれぞれ「1件」とあるだけです。いつ、どこで、どのようにおこなわれたのかなどは書いてありません。問い合わせても担当者は「答えられない」の一点張りでした。

前記の「指針」は「情報の公開」についての項目で「適切に情報の公開を図る」とありますが、「適切に…図る」では抽象的すぎてとても情報公開基準と呼べるものではありません。

さらに、「特異な事象が発生した場合には、速やかに公開すること」とありますが、何か起きなければ、米軍防護は公表する必要さえないことになります。

米補給艦の防護はたまたま報道機関が取材したので、ある程度の中身がわかりました。しかし、米航空機の防護については今もって不明のままです。

米軍防護のような重要な案件は、国家安全保障会議の常任メンバーである首相、官房長官、外務相、防衛相の4人は実施する前から知っていて当然です。それを前年に実施した分を翌年になるまで待って、あらためて報告させるなどと時間を置く理由は何でしょうか。

前述してきた通り、国家安全保障会議で得た結論の多くは「特定秘密」です。国家安全保障会議というフィルターを通して、実施した米軍防護を「特定秘密」に指定することで国民に公表しないよう「工作」することが目的の時間稼ぎとしか考えられません。

そうだとすれば、米軍防護中に起きた「特異な事象」も、ほんとうに公表するのかあやしいものです。「特異な事象」かどうかを判断するのは、おそらく最終的には首相なので、首相が不都合と判断した場合には非公表となるのではないでしょうか。

そもそも「指針」を定めたのは国家安全保障会議です。自分たちに知らせるルールを自分たちで決める。これを自作自演と言います。権力を握る者が、その権力ゆえに入手できる情報を独り占めにしているのです。

「由らしむべし、知らしむべからず」。これは「論語」の中の言葉ですが、「為政者は民を従わせればよいのだ、道理をわからせる必要などないのだ」という意味です。こんなふうに言い表される封建時代の為政者の姿と安倍政権は変わりないではありませんか。

民主主義は「知る権利」が保障されていなければ、なりたちません。その意味では日本は民主国家からどんどん離れていると言わざるを得ません。

2019年2月28日、防衛省は2018年中に実施した米軍防護を「お知らせ」の1枚紙で公表しました。安保法制の施行から2回目の米軍防護の「まとめ」です。

米艦防護が6件、米航空機防護が10件で合計16件とあり、前年の2件から8倍に増えています。うち共同訓練が13件ありましたが、「弾道ミサイルの警戒を含む情報収集・警戒監視活動」をする米艦艇防護も3件ありました。

2017年は北朝鮮が6回目の核実験を実施したほか、弾道ミサイルの試射を繰り返したので、米軍の活動が活発でした。しかし、2018年は南北首脳会談、米朝首脳会談が開かれ、北朝鮮は核・ミサイル実験の中断を約束して実行しました。米国も韓国との間の大規模な共同演習を中止しています。

それなのに米軍防護は前年の8倍です。日米一体化が進んだからなのか、米軍が北朝鮮の動向を探る活動を増やしたからなのか。

防衛省は、いつ、どこで、どのように実施したのか一切の説明をしません。集団的自衛権行使につながりかねない重大な自衛隊の活動は、闇の向こうに沈んでいます。

米中「新冷戦」のもと、海上自衛隊が南シナ海へ進出

２０１８年はトランプ大統領が不公正な貿易を理由に中国に対して巨額の関税を課し、中国が対抗して米国からの輸入品に関税を上乗せして、米国と中国との関係がみるみるうちに悪化しました。それは貿易摩擦にとどまりませんでした。

２０１８年10月４日、ペンス副大統領が、40分にわたり、中国を鋭く批判する演説をしました。

ペンス氏は演説の中で、「米国は中国の友であろうとし、改革・開放政策の後押しをして経済発展と自由民主主義への移行を期待してきた。中国の国内総生産は９倍となったにもかかわらず、中国政府は強権的体質を強めている」と述べて、米国の対中国政策を「失敗」と位置づけました。

続けてこう述べました。

「海外企業への知的所有権供与の圧力、「中国製造2025」計画で示された先端的製造業を独占する意志、機密情報の窃取と軍備強化、国内の宗教諸派の弾圧、インフラ構築支援に名を借りた途上国での影響力拡大、ひいては米国内政に干渉し、反トランプ政権支援にまで手を染めている」

「もはや世界経済への参入を通じて中国を西側の価値観に同調させる「関与」政策の失敗は明らかで、トランプ政権が昨年末の「国家安全保障戦略」で示したように大国間競争を前提とした政策を採用する」（2018年10月14日、毎日新聞朝刊「時代の風」より）

ペンス氏の批判は貿易問題に限らず、中国の外交、軍事、内政にまでおよんでいます。政治経験がないまま大統領になったトランプ氏と違って、ペンス氏は共和党の有力支持母体であるキリスト教保守派を代表する経験豊かな政治家です。

その彼が思い切った中国批判を展開したのは、米国では共和党、民主党の党派を超えて米国指導層の中で中国に対する警戒感が高まっていることが背景にあります。

互いに没交渉だった冷戦時代の米国とソ連との冷えきった関係とまではいかないまでも、米国と中国の対立は「第2の冷戦」とまで呼ばれつつあり、両国関係の動向に世界が注目せざるを得ない状況となっています。

こうした状況下で、海上自衛隊は「平成30年度インド太平洋方面派遣訓練部隊」を編成し、

空母型護衛艦「かが」

汎用護衛艦「いなづま」「すずつき」

対潜水艦訓練の艦内
（以上、写真3点は2018年のアジア太平洋派遣訓練部隊の画像。海上自衛隊のＨＰより）

日米共同訓練で打ち合わせる米兵と自衛隊員（陸上自衛隊のＨＰより）

空母型護衛艦「かが」、汎用護衛艦「いなづま」「すずつき」の3隻と隊員約８００人を8月26日から10月30日まで2カ月以上にわたり、インド、インドネシア、シンガポール、スリランカ、フィリピンの5カ国訪問に派遣しました。

もちろん単なる親善訪問ではありません。

3隻の護衛艦は、後から追いついてきた潜水艦「くろしお」と9月13日、南シナ海で対潜水艦戦の訓練をおこないました。

自衛隊の警戒・監視は尖閣諸島を含む東シナ海までです。南シナ海は日本の平和と安全に関係がないから、ふだんは警戒・監視の対象外となっています。

訓練も海上自衛隊の場合は四国沖など日本近海でおこなっています。日米共同訓練は、米軍への広大な提供水域がある沖縄の近くで実施することがありますが、少なくとも自衛隊単独の訓練で南シナ海へ行くことはありません。

南シナ海は南沙諸島、西沙諸島の環礁を埋め立てて軍事基地化を進める中国に対して、アメリカが駆逐艦などを派遣する「航行の自由作戦」が続いています。２０１８年8月には、イギリスも初めて揚陸艦を西沙諸島に派遣し、この作戦への参加を表明しました。

日本は参加していませんが、米英が「航行の自由作戦」を進める南シナ海に自衛隊が進出し、軍事訓練までおこなえば、中国はどう受けとめるでしょうか。

海上自衛隊は、中国海軍の弱点のひとつは対潜水艦戦にあるとみています。

護衛艦3隻と「くろしお」による対潜訓練の4日後、海上自衛隊はこの訓練実施を公表しました。隠密行動が任務となっている潜水艦の訓練を公表するのは異例です。

すると同日、中国外務省の耿爽（コウ・ソウ）報道官は記者会見で、「現在、南シナ海の情勢は安定に向かっている。域外の関係国は慎重に行動し、地域の平和と安定を損なわないよう求める」と述べたのです。

日本の国名を挙げずに「域外国」とし、また「求める」と控え目な批判にとどまっています。翌月に控えた北京での日中首脳会談への配慮だったのかもしれません。しかし、海上自衛隊は「中国海軍が潜水艦に気づかなかったのではないか」と考えるようになりました。南シナ海での訓練実施を探知していれば、訓練があった日のうちに見解を表明していてもおかしくないからです。

「自由で開かれたインド太平洋」で存在感を強める自衛隊

海の支配権をめぐり、中世の大航海時代の頃から、スペイン、英国などが覇を競ってきました。冷戦後、世界の海を事実上、支配してきたのは米国です。

核保有国間では、核ミサイルを搭載できる潜水艦の動きを探ることが不可欠となっています。潜水艦は海の中に潜むので、姿が見えません。米国はそんな潜水艦の追尾を得意としています。

冷戦時代、ソ連を悩ませたのが、米国の原子力潜水艦でした。オホーツク海にあるウラジオストクやペトロパブロフスクといったソ連の潜水艦基地の海底近くに米国軍の原潜が潜んでいて、ソ連の原潜が出港すると、海に潜ったままずっと付いていったのです。

捕捉された潜水艦は自由な行動ができません。ソ連は米国の手のひらの上で転がされていたも同然でした。

米国は中国の原潜に対して同様の追尾を繰り返しています。

２００４年11月10日、石垣島と多良間島の間の日本の領海を潜水したまま通過して、国連海洋法条約に違反した中国の漢（ハン）級原子力潜水艦は、青島の潜水艦基地を出港したときから米海軍のロサンゼルス級原子力潜水艦によって１カ月にわたり追尾されていました。

グアム島の周りを1周して日本の領海に近づいてきたところで、米国から自衛隊にバトンタッチされています。日本政府は海上警備行動を発動し、海上自衛隊が２日間にわたって追尾しました。

中国の武大偉（ブ・ダイイ）外務次官は、「調査の結果、中国の原子力潜水艦と確認した。事件の発生を中国として遺憾に思う。通常の訓練の過程で、技術的原因から石垣水道に誤って入った」と釈明、領海侵犯を認めました。

それほど、米国は中国の潜水艦監視を徹底しておこなっています。そこに海上自衛隊による南シナ海での自衛隊艦艇による単独訓練です。ふだんは進出することのない海域に潜水艦が派遣されたことで、米国の監視網に日本も加わる可能性があることを示しました。

本格的に日本が南シナ海での監視活動を開始したとすれば、中国にとって不利益となります。中国はこれを唯々諾々と受け入れるでしょうか。尖閣諸島の近海へ中国公船や漁船を大量に投入する、日本近海に軍艦をひんぱんに派遣するなどの報復行動に出る可能性があり、日中関係の悪化を招くことは火を見るより明らかです。

では、なぜ海上自衛隊がこんなことをやったのでしょうか。

２０１６年８月、安保法制が施行された４カ月後、安倍首相はケニアで初めて開いたアフリカ開発会議（Tokyo International Conference on African Development＝ＴＩＣＡＤ）に出席しました。

ＴＩＣＡＤは日本政府が主催する国際会議でこの会合を通じて、アフリカ諸国への日本からの支援策が打ち出されています。１９９３年から始まり、５年おきの開催でしたが、第２次安倍政権になって以降の５年間で３回開催されています。

アフリカには54カ国もの国があり、国連の安全保障常任理事国入りを目指す日本政府には、安保理改革が実行され、常任理事国が投票で決まる際には、１票を入れてもらいたいという思惑があります。

安倍首相はＴＩＣＡＤで、３兆円の支援を表明しましたが、中国はＴＩＣＡＤに対抗して「中国アフリカ協力フォーラム」を主催し、周近平国家主席は日本の２倍以上の６兆６０００億円の支援を表明し、日本の支援を霞ませています。

２０１６年8月のＴＩＣＡＤで、安倍首相は「自由で開かれたインド太平洋戦略」を打ち出しました。「インド洋と太平洋でつないだ地域全体の経済成長をめざす」という構想ですが、安全保障面での協力も狙いのひとつです。法の支配に基づく海洋の自由を訴え、南シナ海で軍事拠点化を進める中国をけん制したのです。

この翌年の２０１７年、海上自衛隊はインドでおこなわれたインド海軍と米海軍による米印の共同訓練「マラバール」に初めて参加し、毎回参加することを表明。「マラバール」は日米印３カ国による共同訓練に変化したのです。

また同年11月、タイであったＡＳＥＡＮ創立50周年記念国際観艦式に護衛艦「おおなみ」を1カ月にわたり派遣しました。

このように２０１７年は、インド太平洋で日本の存在感を示すイベントが２つありましたが、２０１８年は何もありません。そこで「平成30年度インド太平洋方面派遣訓練部隊」が編成されたのです。

そして２０１９年度です。マラバールはグアムで予定され、国際観艦式もありません。海上自衛隊は4月30日から7月10日まで「平成31年度インド太平洋方面派遣訓練」を実施し、護衛艦「いずも」「むらさめ」の２隻と隊員５９０人を派遣することにしました。南シナ海にも入っていくことになります。

そのとき、中国は日本の真意を理解することになるでしょう。

日本は米中の対立の中に巻き込まれていくのです。いや、進んで、巻き込まれにいこうとしているのです。

海上自衛隊の活動は、安保法制とは一見、無関係にみえます。しかし、ガイドラインで世界規模で米軍への支援を約束し、その対米支援は安保法制の施行により、法的根拠が与えられています。

安保法制が施行されていなければ、ここまで思い切った米国寄りの活動はできなかったのではないでしょうか。

揺らぐ「防衛の基本政策」の4項目

わが国の防衛の基本政策は4つあります。①専守防衛、②軍事大国とならないこと、③非核3原則、④文民統制の確保、の4つです。

平和国家らしい政策ですが、第2次安倍政権以降は怪しくなっています。

見てきた通り、18大綱、中期防には、これまで政府が他国に脅威を与えるとして「保有できない」と具体的に例示していた攻撃型空母の保有が盛り込まれました。同じく「保有できない」はずの大陸間弾道ミサイル、長距離戦略爆撃機と同じ機能を持つ兵器の装備化も書き込まれています。

もはや①②は、風前の灯火です。

④は、イラク日報、南スーダンPKOの日報が制服組によって隠ぺいされたり、破棄されたりした問題が、文民統制違反として指摘できます。

日報は、現地で発生した出来事を日々、日本に伝え、指示を求めたり、次に派遣される部隊への申し送りをしたりする公文書です。プライベートな日記とは違います。

市民が情報公開法にもとづき、開示請求したのに対し、「面倒だ」「情報漏れにつながる」などの勝手な理由から隠ぺいしたのです。これらが情報公開法に違反することは防衛省の調査からも明らかになり、多くの関係者が処分されました。

こんな出来事もありました。

2018年4月、国会近くの路上で、民進党の小西洋之参院議員が統合幕僚監部の3等空佐から、面と向かってののしられたのです。

小西氏によると、3佐は自衛官と名乗ったうえで、「お前は国民の敵だ」などとののしったと言います。防衛省の聴き取り調査に対し、3佐は「国民の敵」との発言は否定しましたが、「馬鹿」「気持ち悪い」などの暴言は認めました。

防衛省の聴取に3佐はこうも述べています。

「私はもともと、小西議員に対しては、総合的に政府・自衛隊が進めようとしている方向とは違う方向での対応が多いという全体的なイメージで小西議員をとらえていました」

政府とは「政治を行う機関」（大辞林第三版）であり、自衛隊はその政治に従う組織です。勘違いなのか、思い上がりなのかはわかりませんが、3佐はその政府と自衛隊を一体と考えているのです。

私は防衛省・自衛隊を取材して30年近くになりますが、現職の自衛官が国会議員に暴言を浴びせる不祥事は初めてみました。

自衛隊は災害時の救援活動が国民から高く評価されています。また、海外派遣を通じて、国際社会における日本の地位向上に貢献しているのは間違いありません。

だからといって、調子に乗ってはいけません。自分が偉くなったかのような振る舞いは、軍人が大いばりしていた戦前戦中を思い起こさせます。

③については、2017年6月の国連総会で核兵器禁止条約が賛成多数で可決された際、日本代表は賛成するどころか、議論自体をボイコットしたことから変化の兆しをうかがわせています。日本は米国の「核の傘の下」にあり、米国の核兵器保有や使用が禁止されるのは困るという立場なのだそうです。

仮に日本が核で脅された場合、日本政府はこれに対抗して米国に核で脅したり、使用したりしてほしいと求めるのでしょうか。

議論をボイコットした日本代表の席には、平和のシンボルである折り鶴が置かれるようになりました。ある日などは折り鶴に「WISH YOU WERE HERE（あなたがここにいてほしい）」と書かれていました。

戦争で唯一の被爆国である日本の対応に世界の落胆と非難の目が向けられたのです。

本当に日本はどこまで変わっていくのでしょうか。

第4次アーミテージ・レポートの驚くべき中身

2018年10月3日、ひとつの文書が米国で発表されました。

共和党のアーミテージ元米国務副長官、民主党のジョセフ・ナイ元米国防次官補らが主導するシンクタンク・戦略国際問題研究所（Center for Strategic and International Studies＝CSIS）が「21世紀における日米同盟の再構築」と題する提言を発表したのです。

通称「アーミテージ・レポート」と呼ばれ、政府や霞が関の官僚たちにとって、政策立案の有力な参考資料とされています。

アーミテージ氏やナイ氏らは「知日派」と言われていますが、間違っても親日派ではありません。日本を米国の言いなりにすることによって首都ワシントンで飯を食っている、いわゆる「ジャパン・ハンドラー（日本を手玉にとる人）」と呼ばれる人たちなのです。

「アーミテージ・レポート」は2000年、2007年、2012年と過去3回、発表されていますが、毎回、「日本が集団的自衛権の行使を禁止していることが正常な日米同盟の阻害になっている」と集団的自衛権の行使に踏み切るよう求めてきました。

2012年のレポートは「ホルムズ海峡が機雷で封鎖されるようなことがあれば、日本は単独でも掃海艇を派遣すべきだ」と主張。安保法制を議論した国会で、安倍首相が言い続けた集団的自衛権行使にあたる「唯一の事例」が、この「ホルムズ海峡の機雷除去」です。

安倍政権にとって、安全保障政策の水先案内人のひとりが「アーミテージ・レポート」ということです。

今回のレポートは「現在から2030年までの野心的だが達成可能な提言を示して米日同盟を強化するのに役立つ」と書かれ、日米が築いてきた国際秩序が危機に面していること、トランプ政権による同盟国へ商売と同じような対応によって米国の示してきた価値観が危うくなっていること、中国の存在が米国やその同盟国の軍事的優位性を脅かす存在となっていること、などを問題点として列挙しています。

これらの難問の解決策として、「日米の経済的な結びつきを強化する」「日米の軍事作戦の調整を深化する」「軍事面における共同技術開発を推進する」「地域のパートナーとの協力を拡大する」との4点を挙げ、さらに具体的に10項目の勧告を日米政府に対しておこなっています。10項目のうち、軍事に関わる項目を要約すると以下のようになります。

① 自衛隊基地と在日米軍基地を日米が共同使用できるよう基準を緩和せよ
② 日米統合部隊を創設せよ
③ 自衛隊に合同作戦司令部をつくれ

④日米の共同作戦計画をつくり、アジア太平洋軍にスタッフを派遣せよ

つまり、自衛隊が憲法や法律などの国内基準の縛りを受けることなく、米軍の一部として相応の軍事的役割を担ってほしい、自衛隊基地も民間施設もより自由に軍事使用できるようにしてほしいという要望が並んでいます。

安倍政権が進めてきた日米一体化を、より強力に推進したい思惑がうかがえます。米軍が自衛隊基地を米軍基地と同じように自由に使えるようにしろとの提言は、「自衛隊は米軍の手下」とみている証拠です。

「民間港湾と空港へのアクセスは不測の事態に必要となろう」との書きぶりもあり、「自衛隊と民間とを問わず、日本列島全体が米軍にとって都合のよい国になるべきだ」と言っているように受け取れます。

「アーミテージ・レポート」は安倍政権のバイブルですから、今後数年の間にいくつかの項目が実現へ向けて動きだすかもしれません。

現に自衛隊基地を米軍基地化する動きは始まっています。

２０１８年10月、日米合同委員会（日米地位協定を実現するための日米の協議機関）は福岡県にある航空自衛隊の築城基地と宮崎県の新田原基地に緊急時に米軍が使用する弾薬庫や駐機場、燃料タンクなどを整備することで合意しました。防衛省が必要な施設整備を２０２２年度まで

に完了し、米軍に提供することになります。

日米両政府が２００６年5月に合意した米軍再編ロードマップに沿った措置ですが、ここへきて急に実現へ向けて動き出したのです。安保法制を受けて、軍事への傾斜が強まったことを受けたとみられます。

２０１８年7月には、北海道で9月に実施する予定だった日米共同訓練で、沖縄の米海兵隊のオスプレイの補給拠点として陸上自衛隊帯広駐屯地が使われる計画が明らかになりました。実際には9月に発生した北海道胆振東部地震の影響で訓練自体が中止となりましたが、２０１９年にも同じ訓練が計画されているので、１年遅れで帯広駐屯地の活用が現実化することになります。

首都圏にも変化は現れています。

２０１８年3月、陸上自衛隊の総司令部にあたる「陸上総隊」が新規編成されたことにより、神奈川県の米陸軍キャンプ座間に置かれていた陸上自衛隊中央即応集団が解散され、陸上総隊の中の組織である「日米共同部」に縮小されました。これに伴い、約３５０人いた隊員は約20人にまで削減されました。

３３０人もの隊員が消えたことで空室ができた元中央即応集団の建物に、キャンプ座間に配備されている米陸軍第1軍団フォワードが入居してきたのです。地べたは在日米軍に提供した土地ですが、元中央即応集団の建物は自衛隊の所有です。全国でも自衛隊の建物に米軍の部隊が常駐するのは極めて異例です。初めてではないでしょうか。

米軍が自衛隊基地を日常的に活用し、生活や訓練をともにおこなうことで日米一体化は、ますます加速していくことになります。

「アーミテージ・レポート」は未来への提言のはずですが、もはや専門家が予測する未来よりも現実の方が進んでいるのかもしれません。

第7章

米国製武器の爆買いと私たちの生活

FMSがついに7000億円を突破

防衛費は安倍政権になって6年連続して増加しています。

そのうち目立って増えているのが米政府からの武器購入費です。前に述べた通り、FMSの枠組みで購入する武器類です。

安倍政権になる前は年間500億円から600億円程度でしたが、第2次安倍政権になって激増しました。

2013年度こそ1000億円台でしたが、2015年度には4000億円を突破、2019年度はいっきに増えて7013億円にもなっています。

これを防衛費から支払います。防衛費の内訳は、人件・糧食費が4割、武器の購入費や維持費にあたる歳出化経費が4割、自衛隊の活動費にあたる一般物件費が2割です。4：4：2で硬直化しているので、別の枠から予算を回すといった融通が効きません。歳出化経費が足りないからといって、人件・糧食費を削って回すというわけにはいかないのです。

歳出化経費の中には高額な武器を分割で支払う後年度負担という項目があります。第2次安倍政権が誕生した翌年の2013年度は3兆2308億円でしたが、年々、増えていき、2018年度は5兆768億円と5兆円を突破、2019年度は5兆3372億円にもなります。

2019年度防衛費は5兆2574億円ですから、防衛費よりも借金の方が多いことになり

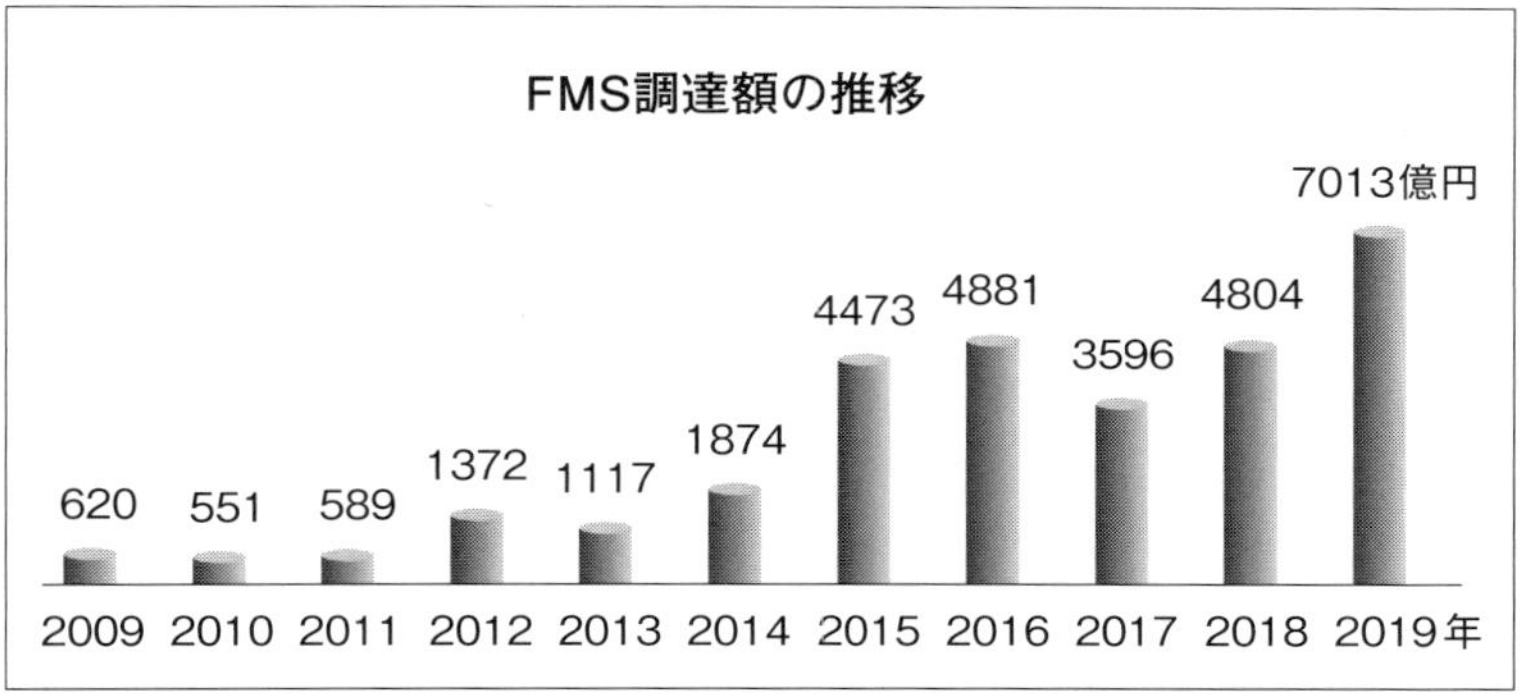

米政府からの武器輸入は、安倍政権になって1000億円を突破。
2015年度に4000億円を超え、2019年度は7000億円超となった。

ます。後年度負担に占めるＦＭＳの割合は２０００年度（後年度負担２兆９８８４億円）の１・９％から２０１９年度は28・３％と実に15倍も増加。米国からの武器購入費が借金全体を押し上げているのです。

このままでは当然、払いきれません。

財政法の特例として武器は最長５年の分割払いが認められていますが、政府は２０１５年４月30日に「特定防衛調達に係る国庫債務負担行為により支出すべき年限に関する特別措置法（特措法）」を施行し、10年の分割払いを可能にしました。

米国に巨額の防衛費が流れることにより、国内の防衛産業に支払うカネが不足し始めたことから、防衛省は代金の支払いを２年から４年待ってほしいと呼びかける始末。見返りに「別の仕事を発注する」とあらたな借金を約束したのですから、ローンの借り換え地獄のようです。

多くの企業が支払いの延長を認めなかったため、

政府は期限切れとなる2018年3月31日を迎える前に、特措法をさらに5年間延長しました。国だからできる無理筋の支払い期限の延長であり、私たちが銀行や金融業者から借りた場合にはそうはいきません。「問答無用」で借金は取り立てられ、担保に入れていた大切なマイホームやマイカーなどが取り上げられることになります。

問題は政府にだけあるのではありません。防衛省の不都合を隠すかのような法律を通す国会にもあります。安倍政権下で顕著になった国会の「行政機関の下請け化」がこんなところにも現れています。

グローバルホーク購入費とは別に米人の生活費を負担

それほど大量に米国から武器を輸入しなければならないほど、日本を取り巻く安全保障環境が悪化しているのか、と言えばそんなことはありません。

18大綱はわが国を取り巻く安全保障環境について、「冷戦期に懸念されていたような主要国間の大規模武力紛争の蓋然性は引き続き低いと考えられる」とあり、日本が本格的な戦争に巻き込まれる可能性は低いことを明記しています。

「格段に速いスピードで厳しさと不確実性を増している」ともありますが、「厳しさ」や「不確実性」といった抽象的な表現にとどまり、今にも攻撃される事態ではないことがわかります。

安倍首相は、安保法制が成立する際、「日本を取り巻く安全保障環境がますます悪化してい

アメリカからのいいなり買い物の典型の滞空型無人機グローバルホーク
（ノースロップ・グラマン社のＨＰより）

る」と繰り返しましたが、法案を早期に成立させるための国民に向けた「脅し」でしかありません。だから、これほど大量の武器を急いで買う必要などどこにもないのです。

ＦＭＳ調達が激増しているのは単価を下げるために武器をまとめ買いしているという要素もあります。しかし、なんと言っても武器をやたらに買いまくること自体に一番の原因があるのです。

ＦＭＳで買っているのは、18大綱で１０５機の「爆買い」が決まった「Ｆ35戦闘機」、滞空型無人機「グローバルホーク」、水陸両用車「ＡＡＶ７」、地上イージスの「イージス・アショア」などです。

ＦＭＳは米政府特有の一方的な商売ですから、売値だって米政府の都合でいつでも値上げできます。

例えば、グローバルホークの場合、3機510億円で契約したものの、あとになって米側の都合で629億円と最初より23%高い、119億円も値上げされました。

防衛省には武器の価格が15%上昇したら見直しを検討、25%の場合は購入中止を検討するというルールがあります。省内には「グローバルホークは断念すべきだ」との声が強かったものの、いつの間にか、購入を続けることが決まりました。

防衛省幹部は「購入は首相官邸の意向」と断言します。ドイツでは、1機を購入後、米側が価格を引き揚げたことを理由に追加購入を断念しています。米国の顔色ばかりをうかがう日本にはできないまともな対応と言えるでしょう。

グローバルホークの操作に必要な地上装置や整備用器材などを含めると導入にかかる初期費用は実に1000億円以上にもなります。この負担とは別に維持管理のための費用が毎年約100億円かかります。

驚くべきことに、この費用の中には、3機が配備される青森県の三沢基地に滞在することになる米人技術者約40人の生活費約30億円が含まれているのです。よもや技術者に支払う給料まで日本側に負担させるわけではないでしょう。すると1人当たり、年間7500万円を日常生活にかける計算となります。どれだけ優雅な暮らしをさせようというのでしょうか。

「なぜ生活費の負担までするのか」との防衛省側の問いに米側は、「彼らは米国での生活を捨てて日本のために働くのだ」と「さも当然」と言わんばかりの回答だったと言います。

しかも、日本に提供される機体は最新型ではなく、ひとつ古いブロック30というタイプ。防衛省は最新型の提供を求めたのですが、ＦＭＳのため米政府の判断に従うほかありません。

そもそもグローバルホークは陸上偵察用に開発され、洋上偵察は不向きとされています。防衛省が予定している尖閣諸島を含む東シナ海の上空からの洋上偵察には馴染まないことが少しずつわかってきました。

「高値で買わされる使えない武器」がグローバルホークなのです。もはや税金の無駄遣い以外のなにものでもありません。

「曲がれず、上昇できず、動けない」というＦ35Ｂを購入へ

Ｆ35はどうでしょうか。

２０１７年11月６日、初来日したトランプ大統領と安倍首相との会談後の共同記者会見で、トランプ氏が力を込めたのは、日本に武器購入を迫った場面でした。

「非常に重要なのは、日本が膨大な武器を追加で買うことだ。我々は世界最強の武器をつくっている」とのセールス・トークから切り出し、「完全なステルス機能を持つＦ35戦闘機も、多様なミサイルもある」と具体的な品目を挙げて購入を迫ったのです。

これに対し安倍首相は、「日本は防衛力を質的に、量的に拡充しなければならない。米国からさらに購入していくことになる」とあうんの呼吸で応じ、トランプ氏が列挙したＦ35や新型迎撃ミサイルの購入を明言しました。

Ｆ35は米国の空軍、海軍、海兵隊と三者の異なる要求を基本設計に取り入れた結果、機体構造が複雑になり、重量増という戦闘機としての致命傷を抱えて誕生しました。燃料を満載すると、エンジンが1個の単発にもかかわらず機体重量は35トンにもなり、エンジン２個のＦ15戦闘機の40トンに迫ります。

その鈍重ぶりは、「曲がれず、上昇できず、動けない」と酷評され、２０１５年には40年も前に開発されたＦ16戦闘機との模擬空中戦で負けるという失態を演じています。

Ｆ35は「最先端」とは言っても、衛星や他の航空機が集めた情報を統合する攻撃システムの「先端」でしかなく、団体戦なら能力を発揮するものの、個人戦では驚くほど弱いことが証明されているのです。

こんな戦闘機に日本の防空を担わせようという航空自衛隊もどうかしていますが、「もっと買え」と迫ったトランプ氏も相当に面の皮が厚いと言わなければなりません。

18大綱と同じ日にあった閣議了解で42機購入することになったＦ35Ｂについて、米国防総省運用試験評価局は２０１９年1月31日、米議会に提出した年次報告書の中で、初期に製造されたＦ35Ｂの寿命が想定した８０００飛行時間を下回り、２１００時間以下にとどまるとの見通しを示しました。

以前にも国防総省はＦ35Ｂに構造上のヒビが見つかったとして実用試験を中止しています。性能、構造の両面で不安だらけなのがＦ35Ｂなのです。

Ｆ35Ｂは２０１７年1月、山口県の米海兵隊岩国基地への配備が始まり、すでに10機配備されていますが、米国は使いながら不具合を修正する方式をとるため、未完成でも基地に配備してしまうのです。

岩国周辺の住民は未完成の機体が飛行する直下で生活していることになります。欠陥機との報道が相次いだにもかかわらず、「安全」を強調して沖縄にオスプレイの配備を認めたのが防衛省ですから、Ｆ35Ｂの問題について岩国市の住民には何も説明していません。

こんな状態のＦ35Ｂを自衛隊が購入した場合、30年以上は使用する他機種の戦闘機と比べ、わずか10年程度で退役することとなり、また買い換える必要が出てきます。

首相官邸や自民党が、Ｆ35Ｂが未完成と知りながら購入を決めたのだとすれば、「でたらめ」というほかなく、未完成と知らなかったとすれば、「無責任の極み」というほかありません。

海兵隊もびっくり――離島防衛で使えない水陸両用車も大量購入

自衛隊版海兵隊と言われる陸上自衛隊水陸機動団が使う装甲車のようなＡＡＶ７も導入の是非が問われます。

米国から購入しようとする動機は簡単なものです。敵前上陸ができる海兵隊機能を持つことにしたので、海兵隊をまねて同じ武器を持とうというのです。

ＡＡＶ７は30年も前に開発された古い武器ですから、マル秘の技術など、どこにも使われていません。「汎用品」と判断した防衛省は、米政府にライセンス料を支払って日本の防衛産業で製造しようとしたものの、米政府が拒否。やむを得ずFMSとなったのです。

米海兵隊は20年も前にAAV7の調達をやめています。日本による購入を受けて、製造ラインを再開させたのか、モスボール（油漬け）にしておいた新しいAAV7を売るのか不明ですが、1両あたり約8億円の高値に。これを52両も購入するので、ざっと約400億円の支出になります。

敵前上陸の場面では、兵員25人を載せて輸送艦から海へ入り、陸地を目指します。海上では時速13キロでノロノロと進み、上陸後は無限軌道で走るのですが、車高が低いため、珊瑚礁の多い沖縄の離島では上陸できる海岸が限定されます。

上陸できるのは砂浜などに限られているので、もちろん敵は待ち伏せしています。AAV7のそれほど厚くない装甲が被害を拡大するおそれは高いのです。

米海兵隊でさえ買わない時代遅れの車両を、日本が52両も買うのですから、トランプ大統領は笑いがとまりません。しかも、AAV7を購入する一方で、防衛省は2017年度から29億円かけて水陸両用車の開発を始めています。AAV7よりも水上を高速で航行し、珊瑚礁も乗り越えられるようにするのだそうです。

それならばAAV7は不要だったのではないでしょうか。AAV7を載せることを想定して1隻9億円もかけた海上自衛隊輸送艦の改造も無駄だったことになります。

陸上自衛隊の作戦幹部は私の取材に、「航空優勢（制空権）、海上優勢（制海権）を確保していなければ、敵前上陸はしません」と断言しています。確かに相手が優勢であれば、ゆっくり進む水陸両用車は、ミサイルの餌食になるだけで、「動く棺おけ」も同然でしょう。

自衛隊が制空権、制海権を握っているならば、平和なときと同じように航空機や艦艇で武器や隊員を陸揚げすればよいことになります。民間の航空機や輸送船も輸送に活用できるかもしれません。

そう考えると、水陸両用車という武器自体が不要ということになります。

政治家が「これで戦え」と選定したオスプレイ

次にオスプレイをみていきます。

オスプレイは異例の導入経過をたどりました。

本来、自衛隊の武器類はユーザーである防衛省・自衛隊が選定します。しかし、導入を決めた当時、20年先の安全保障環境を見通して策定するマル秘の「陸上自衛隊長期防衛戦略」にオスプレイの名前はありませんでした。

陸上自衛隊はオスプレイの2倍以上の人員や物資を空輸できるCH47大型ヘリコプターを55機も保有していたからです。

導入することになったのは、米軍がオスプレイの沖縄配備を進めた2012当時、沖縄から上がった配備反対の声に対し、民主党政権の玄葉光一郎外相が「安全性を訴えるため自衛隊も保有すべきだ」と提案、森本敏防衛相が同調して調査費を計上、これを安倍晋三政権が引き継ぎ、導入を決めたのです。

「沖縄の民意」より「米軍の意向」を優先する政治判断でした。角度を変えてみれば、軍事のシロウトの政治家が「これを使え」と軍事のプロである自衛隊の武器を選んだのです。

その意味では、海上自衛隊が求めていないにもかかわらず、護衛艦「いずも」の空母化を自民党が提言し、首相官邸が丸飲みした18大綱の「空母保有」も同一線上の話です。

政治家が武器購入に介入してくるからには、必ず理由があります。オスプレイは「対米追従」であり、空母保有は「中国への敵対心」と言えるでしょう。

沖縄の海兵隊に配備されたオスプレイは24機。5年もたたないうちに墜落などで2機が失われ、乗員3人が亡くなっています。エンジンの不調による奄美大島などへの予防着陸なども目立ちます。死者が出たり、修理に20万ドル以上かかったりするクラスAの事故率は3・24で、海兵隊機全体の2・72を上回ります。

これが、防衛省が沖縄配備前に「安全」と太鼓判を押したオスプレイの現状です。

自衛隊のオスプレイは2018年10月に最初の1機が民間空港の佐賀空港に配備される予定でしたが、地権者の漁協の強い反対で配備のメドはたっていません。2018年度に配備予定の5機はいずれも米国にとめ置かれたままとなっています。

こちらは「届かない武器」です。届いたら届いたで墜落など事故の心配が絶えなくなるので、どちらがよいのか。やはり買わないことが一番だったのではないでしょうか。

イージス・アショア1基断念で削られなくてすむ社会保障費

安倍政権下における「武器の爆買い」をみてきました。

武器の単価は高額なうえ、戦闘機などのように大量購入する例もあり、多額の防衛費が使われることになります。

しかも、武器は防衛省が購入するだけなので、性能・価格を比較検討できる「市場」は国内にはありません。購入の妥当性をはかるものさしがないまま、積み上げられていくのです。

私たちの日常生活に武器の購入費を落とし込んでみると、「その武器さえ買わなければ生きたお金の使い方ができるのに」と思わずにはおられません。

例えば、2019年度当初予算で1200億円も抑制された社会保障費に使うことができれば、どれほど多くの人が助かるでしょうか。

政府は社会保障関係費として、医療、年金、介護、福祉・その他の4項目を挙げています。財務省のデータで10年ごとの推移をみると、国の一般会計支出に占める社会保障関係費の割合は10・4%（1988年度）、14・8%（1998年度）、21・8%（2008年度）、33・0%（2018年度）と高齢化社会の到来によって急速に増えています。

政府は2019年度当初予算案に占める社会保障費を6000億円と見込んでいましたが、

これを4800億円に抑えることにしました。

1200億円を削ることができた理由について、厚生労働省は高齢者の増加率がこれまでより緩やかになることや、年金給付額の伸びを物価と賃金の伸びより抑える「マクロ経済スライド」が発動見通しとなったことを挙げています。

「マクロ経済スライド」とは、物価の伸び率よりも「年金額改定率」を低く抑えて年金を削減する仕組みです。安倍政権が始まる前の2012年度から2016年度までの間に高齢者1人当たりの年金給付費は平均約14万円も減少しています。さらに減らそうというのです。

抑制する1200億円の内訳をみると、「所得の高い人たちが払う介護保険料の段階的引き上げ」で610億円、「薬価などの市場価格水準への引き下げ」で500億円、「生活保護の段階的引き下げ」で30億円となっています。

生活保護費の引き下げは、大きな影響が出るのではないでしょうか。

厚生労働省は2018年度の見直しで、生活保護のうち食費などの生活費にあたる「生活扶助」を受給世帯の約7割で減らしています。地方には増額になった世帯もありますが、都市部の単身世帯や多子世帯で大きく減額されました。すでに引き下げは始まっているのです。

しかも、2012年度に67万7433世帯だった生活保護世帯は、2016年度には87万7407世帯と約16万世帯も増えています。

生活保護世帯が急速に増えた事実ひとつをとってみても、「アベノミクス」は失敗だったことがわかります。財政出動、金融緩和、成長戦略という「3本の矢」によって長期のデフレから脱却し、名目経済成長率3％を目指すとしていました。

これにより、大手企業がもうかり、次に下請けの中小企業がもうかって、働く人すべてが賃上げの恩恵を受けるという、富のしずくがしたたり落ちる「トリクルダウン」を目指したはずですが、幻想に過ぎませんでした。

大企業は大もうけして過去最高の内部留保を記録しているものの、賃上げや設備投資にそのもうけを回そうとはしません。大企業の社長などのお偉いさんと株に投資できる金持ちがさらに裕福になる一方、多くの国民は給料が下がったり、非正規雇用労働者になったりして、より貧乏になり、貧富の差が拡大しただけでした。


削られてしまう社会保障費1200億円を補うため、2019年度の防衛費を削って回すと仮定した場合、同額なのはイージス・アショア1基の取得費1202億円が該当します。導入に必要な関連経費を含めれば1757億円。イージス・アショアそのものの取得を断念すれば1757億円は全額不要となって、社会保障費に回すことができるのです。

イージス・アショアは、これまでみてきた通り、問題の多い武器のひとつです。ミサイル基地ですから、地震や台風が発生した際の災害派遣に使えるトラックや医務室や風呂までついている艦艇と違って、災害時に何の役にも立ちません。

海岸近くが予定地なので津波の心配があるほどです。津波が来ないとしても、秘密だらけの武器の基地ですから敷地内は立ち入り禁止となり、避難先としても使えません。

また、強力なレーダー波が航空機の計器を狂わせるため、イージス・アショアの周囲につくられる飛行制限区域によって、ドクターヘリや災害救援の航空機の妨げとなりかねません。国民を守るはずの自衛隊の武器が国民の日常生活を脅かす。こんなバカな話はありません。

政策の目玉、高等教育の「無償化」のまやかし

私が非常勤講師を務める大学の1年生が「奨学金の説明会に行ってきた」というので話を聞いてみました。彼は「ビデオを見せられ、「借りたカネなのだから、ちゃんと返せよ」という内容」と話し、「奨学金を借りたいけど、社会人になったら返さないといけないから…」と迷っている様子でした。

同僚の先生に聞いても、「奨学金を利用している学生は半数程度いるのでは」との共通した答えが返ってきます。

奨学金は本来、返済の必要がない給付金のことを指していました。今は違います。さまざまな種類の奨学金の中で、利用者の9割を占める独立行政法人「日本学生支援機構」の奨学金は、返済が義務づけられ、おまけに高い利息のついたローンとなっているのです。

２０１７年度の日本学生支援機構の調査によると、同機構からの受給率は43・８%、その他の奨学金受給率は９・４％となっているので、合計52・２%となり、学生の半数以上が何らかの奨学金を利用していることがわかります。

かつては学費が安いので、苦学生の味方だった国立大学の学費ですが、それも高くなり、1年生時の初年度納付金で約80万円。私立大学は同130万円程度にもなります。その一方で、家計状況は悪化しているので、奨学金を受ける学生は増えているのです。

大学生の奨学金の平均的な借入額は4年間で約300万円とされています。学生は卒業と同時に300万円の借金返済を迫られるのです。返済がもっとも滞った2010年度は341万人が滞納していました。

取り立ては厳しく、生活保護の受給と傷病によって就労できない場合にしか、返済猶予は認められません。年収300万円以下を目安とする経済的困難の場合には返済猶予期限が設けられていますが、10年を過ぎると返済が求められます。

滞納3カ月以上でブラックリストに登録されるので、延滞が解消したとしても5年間はローンやクレジットカードの審査が通りにくくなります。滞納3カ月から9カ月までは債権回収専門会社による取り立てが始まり、9カ月を超えると自動的に法的措置に移行します。

冒頭の1年生が奨学金利用をためらったのは、厳しい取り立てがあることを知ったからです。貸す側の都合が優先され、学生の支援という本来の役割から遠く離れていると感じたからにほかなりません。

政府は大学など高等教育の「無償化」の実現を目指していますが、すべての学生が対象となるわけではありません。無償化とは本来、学費をタダにするか、給付型奨学金を支給することですが、政府のいう「無償化」は低所得世帯の学生の学費を減免することです。

授業料をみると、年収270万円以下の住民税非課税世帯は全額、270～300万円未満は3分の2、300万～380万円未満は3分の1を減免することになっています。ただ、減免には国立大は54万円、私立大は70万円の上限があり、入学金も国立大28万円、私立大26万円の上限があります。

また2018年度から返済がいらない給付型奨学金が始まり、住民税非課税世帯の2万人に24万～48万円を支給し、2020年度からこの対象を年収380万円未満の世帯にまで広げます。「よい政策」のようにみえますが、本来の無償化とは、ほど遠いのではないでしょうか。

これらの減免措置はもちろん大学や短大へ進学しない若者には適用されません。労働人口の半数は大学や短大へ進学しない層が占めるのですから、政府のいう「無償化」の恩恵は、半数の若者にしか届きません。

「大学はタダ」あるいは「費用は全額政府負担」が実現すれば、より多くの若者が大学進学を選ぶのではないでしょうか。それでも進学せずに就職を選ぶ若者がいるのは当然であり、非大卒者にも援助の枠組みを準備する必要があります。

ＯＥＣＤ調査で最下位――教育にカネをかけない日本政府

経済協力開発機構（Organisation for Economic Co-operation and Development＝ＯＥＣＤ）は20

18年9月、加盟国や調査パートナー国における教育機関や教育に関わる人的資源などについて国際比較した「図表でみる教育」の2018年版を公表しました。

国内総生産（Gross Domestic Product＝GDP）のうち小学校から大学までの教育機関への公的支出の割合は、日本は2・9％で、比較できる34カ国中で最下位でした。トップはノルウェーで、順にフィンランド、アイスランド、ベルギー、スウェーデンと福祉国家で知られる北欧の国々が並びます。

OECD加盟国の平均は4・2％で、英国が同率、韓国と米国は4・1％でした。これらの国々と比べても日本はダントツに低いのです。

日本の子ども1人あたりの教育にかかる費用は、OECD平均を上回っています。OECDは日本の教育にかかる費用が高いことについて、「子どもの数が減っているにもかかわらず、2010年から変化していない」と指摘しています。

はっきり言えば、「日本は教育にカネがかかるのに、国は負担していない」ということです。公的支出が少ない分、家庭の負担に頼るか、奨学金を利用することになります。

政府の財布のヒモは教育費の支出については固いのに、それが武器購入となると、一転して財政規律が緩み、垂れ流し状態となります。

「国民を守るための武器」であるはずなのに、「国民生活より武器が大事」という本末転倒の国が日本なのです。

幼稚園（3年間）から高校までにかかる学習費の総額は、すべて公立だった場合、約542

万円です。大学に進学した場合、国立大学、私立文系、私立理系の入学金、在学費用を平均すると約716万円なので、幼稚園から大学を卒業するまでの費用は総額で約1258万円となります。（文部科学省「子どもの学習費調査」＝2016年度、日本政策金融公庫「教育費負担の実態調査」＝2018年度）

例えば、105機追加購入することになったF35戦闘機は購入年度ごとに単価が違いますが、2019年度防衛費では1機113億5000万円です。

1機の購入を断念すれば、902人の子供たちの教育費を無償にできます。105機全部の購入をやめたとすれば、実に9万4733人の子供たちの教育費が無償となるのです。

何年も前から話題になり、いっこうに終わらない待機児童問題は、認可保育所を増やせばよいとわかっていても財政上の理由から、なかなか解決へと進みません。認可保育所の建設には、1億円から2億円の費用がかかると言われています。

仮に1億円とすれば、F35を1機購入しなければ、113カ所の認可保育所をつくることができます。必要な数の認可保育所をつくれる費用の分だけ、F35の購入機数を減らすという考え方もあるのではないでしょうか。

武器の有効性は、戦争が起こってみなければ、証明できません。「戦争に備える必要がある」「戦争になれば、勝たなければならない」という「架空の話」をもとにカネを使い続けるのが武器購入なのです。

一方、子供たちが存在するのは「現実」であり、成長して大人になって働く人になるのは「確実な近未来の話」なのです。

子供たちへの投資は日本の未来への投資でもあります。教育に公費支出をケチり、武器購入には大判振る舞いをする。政治家はいったい何を守ろうとしているのでしょうか。

それが国民ではないことは明らかです。米国からの圧力を避けるために武器購入を図るのだとすれば、守っているのは「自分の地位」ということになります。

「自分の地位」を守るために政治をしている政治家は、教育や社会保障に限らず、国民のことを考えているとはとうてい思えません。


そう言えば、福島第一原発の事故後も原発を「ベースロード電源」と位置づけた政府・自民党のように、原発の再稼働を主張する政治家はたくさんいます。事故の影響に目をそむけ、電力会社や原発メーカーのもうけを最優先させる政治家は、「国民の安全」よりも「自分の地位」を守っているのではないでしょうか。

民主国家とは、民意をくみ上げて、政治に反映させる国家のことを言います。自分の地位保全をまっ先に考え、住民が求めてもいない基地を押しつけたり、必要もないのに憲法改正を進めたりするのは民主政治ではなく、独裁政治にほかなりません。

「安全保障は国の専権事項」という言葉をよく聞きますが、国民の支持のない政治は成り立たず、国民の反対の声を押し切って強引に進めるようでは、地に足のついた安全保障政策にはなり得ません。どこかで立ち行かなくなるのは明らかです。

社会保障や教育をいい加減に扱う政治家が「安全保障政策ではまともな判断をする」なんてあり得るでしょうか。

このまま行けば、防衛費はいずれ破綻します。

払い切れない借金は、さらに社会保障費などから回すほかありません。魔法のように財政状況を改善すると財務官僚から信じられている消費税の引き上げは、いずれ15%、20%と上昇し、これら財源をもとに防衛費は右肩上がりを続けていくのではないでしょうか。

ブレーキをかけるのは今しかないのです。

憲法改正で現れる自衛隊の変化とは

安倍首相が執念を燃やす憲法改正の原案は、確定案ではないものの、自民党から示されています。「9条の2」というのをつくって、そして「9条1項、2項は変えない」と言っています。

現行の憲法第9条は以下の通りです。

「日本国民は、正義と秩序を基調とする国際平和を誠実に希求し、国権の発動たる戦争と、武力による威嚇又は武力の行使は、国際紛争を解決する手段としては、永久にこれを放棄する。

（戦争の放棄）
② 前項の目的を達するため、陸海空軍その他の戦力は、これを保持しない。国の交戦権は、これを認めない。（軍隊の不保持、交戦権の否認）」

自民党憲法改正推進本部の有力案は以下の通りです。

9条の2「前条の規定は、我が国の平和と独立を守り、国及び国民の安全を保つために必要な自衛の措置をとることを妨げず、そのための実力組織として、法律の定めるところにより、内閣の首長たる内閣総理大臣を最高の指揮監督者とする自衛隊を保持する。
② 自衛隊の行動は、法律の定めるところにより、国会の承認その他の統制に服する」

この改正案には重大な問題が3つあります。

ひとつ目は、1項、2項を否定する条文案になっているということです。「前条の規定は、我が国の平和と独立を守り、国及び国民の安全を保つために必要な自衛の措置をとることを妨げず」とあります。「妨げず」とあるのは「必要な自衛の措置」をとるためなら、「戦争の放棄」や「交戦権の否認」は無視しても構わないということです。

2つ目は、「そのための実力組織」の部分です。自民党憲法改正推進本部の当初案には実力組織の前に「必要最小限の」という言葉がありましたが、議論の課程で削ってしまいました。実力組織はどれだけ大きくても構わないとなったのです。

3つ目は、「内閣総理大臣を最高の指揮監督者とする」との部分です。これまで自衛隊の海外活動は「国会の承認」を必要としてきました。

しかし、安保法制は「事後承認」をいくつか認めています。集団的自衛権行使が可能となる存立危機事態による自衛隊の出動は「原則、国会の事前」となっていて、政府が「緊急の必要がある」と認定した場合には国会承認は「事後」でも構わないのです。

自衛隊活用をめぐり、国会の関与を薄めてきた延長線上にあるのが、この条文案だと思います。首相がゴーサインを出せば、自衛隊は集団的自衛権行使のための出撃が可能となるのです。この憲法改正で、「9条の2」が追加されれば、自衛隊はまるっきり変わってしまいます。

自衛隊が憲法に明記されると、どうなるのでしょうか。

わが国の行政機関で唯一、会計検査院が憲法に明記されています。第90条に「国の収入支出の決算は、全て毎年会計検査院がこれを検査し」とあることが、会計検査院が他省庁に対する強い検査権限を持つ根拠となっています。

では、自衛隊が憲法に書き込まれたらどうなるのでしょうか。

「憲法に書き込まれる」とは会計検査院の例が示しているように、憲法を根拠にした強い権限が生まれることです。

具体的には以下のようなことが想定できます。

①集団的自衛権行使など事実上の軍隊としての活動が拡大する
②隊員数を確保するため徴兵制を採用する
③予算を増額する

④今でさえ怪しい文民統制が後退する
⑤米軍との共同行動が増加する（日米安全保障条約＋憲法の２本立て）

①は、今の憲法のどこにも「自衛隊」の文字はありません。それにもかかわらず、存立危機事態のときの集団的自衛権の行使や、戦闘地域における他国軍の支援が既に安保法制によって可能になっています。憲法に「自衛隊」と明記されたら大手を振って、フルスペックの集団的自衛権行使は可能となるでしょう。次の段階では憲法で禁じた特別裁判所、つまり軍事裁判所の設置を求める第２弾の憲法改正に進むのではないでしょうか。

②は、現在、隊員数が足りないことから、出てくるのは徴兵制です。２０１８年10月に採用年齢の上限を引き上げ、それまで26歳だった採用年齢を32歳に６歳引き上げました。予備自衛官は、37歳から55歳へと18歳も引き上げられたのです。

今の憲法の18条には〈奴隷的拘束および苦役からの自由〉が定められ、政府は徴兵制を敷かない根拠としています。しかし、憲法改正が実現すれば、「憲法に書き込まれた組織に入ることのどこが苦役ですか」という理屈が立ち、徴兵制は実現するのではないでしょうか。

③の予算を増額するという点です。憲法に自衛隊の記述がない今でさえ、防衛費は５兆円を上回っています。さらに、自民党は18大綱の「提言」で「防衛費のＧＤＰ２％」を例示しており、憲法に自衛隊が書き込まれることで、大幅予算増の根拠になるのではないでしょうか。

仮に防衛費をＧＤＰの２％とすると、約11兆円です。２０１９年度の当初予算は１０１兆円

4571億円ですから、当初予算全体の1割以上ということになります。そんな多額の防衛費を出せるはずがありません。

すると、社会保障費を削るか、消費税を上げるか、の二者択一もしくは両方の実施が現実味を帯びてきます。軍事に過剰な投資をしているにもかかわらず、さらに増額するために国民全体が不幸になるような選択肢は断じて認められませんが、憲法改正はそれを可能としかねません。

④は、今でさえ怪しい文民統制が後退している実例があるからです。

イラク、南スーダンPKOの「日報」の問題で自衛隊幹部が公文書を隠ぺいしたり、破棄したりした事実をみてきました。国会議員が自衛隊幹部に罵倒される事案も発生しています。

災害救援や海外活動を通じて、自衛隊の評価が高まったことを受けて、自分が偉くなったように勘違いしている隊員がいるのではないでしょうか。

戦前、戦中のように軍人が大いばりする日は、すぐ目の前まで来ているのかもしれません。憲法改正で拍車をかけてどうするのでしょうか。

⑤は、日米安全保障条約によって、米軍の日本駐留は認められ、自衛隊との共同訓練や自衛隊基地の米軍による共同使用は目立って増えています。片や軍隊、片や自衛隊で完全な双務性ではないはずなのに、日米一体化は猛烈なスピードで実現しています。

自衛隊が憲法で明記され、事実上の軍隊になれば、米軍は自衛隊をいっそう便利に使い、海外の作戦行動に巻き込もうとするでしょう。

ところで、読者のみなさんはお気づきになっているでしょうか。憲法を改正しなくても、自衛隊は「ほとんど軍隊」になっていることに。

安倍政権の6年間で、特定秘密保護法、安保法制、「共謀罪」法の施行を通して、日本は十分に国家主義的な国家につくりかえられています。憲法改正の必要がないほど自衛隊が軍隊化していることが、本書を通しておわかりいただけたかと思います。

「憲法改正をさせてはいけない」と叫んだところで歯止めを失い、坂道を転がるようにして軍事国家に傾斜してしまった現実。問われているのは、憲法改正を食いとめるだけではなく、日本をどのようにして元の平和国家に戻していくかを考え、地道に実行していくことです。

神のごとき万能感を持っている安倍首相の政権が終わっても、安保法制をつくった自民党政権が続いていく限り、これらの政策は踏襲されていきます。さらに一歩前に進むかもしれません。「中国が攻めてくるかも知れない」「北朝鮮のミサイルが落ちて来たらどうする」。そんな誤ったイメージを国民に抱かせ、不安をあおって政権基盤を維持するようなニセモノはもうたくさんです。

国民の安全と平和な生活を一番に考える、まっとうな政治家を選び、私たちの次の時代のリーダーを育てていく必要があります。日本は私たちの世代で終わるわけではありません。子どもや孫の世代に引き継ぐべき、大切なこの国をともに守っていきたいと思います。

おわりに

防衛記者ですから、毎日、防衛官僚や自衛隊員と会っています。広報の窓口になるのは立場をわきまえた優秀な幹部ばかり。組織の考えを代弁する模範回答しか返ってきません。あらためて現場の取材をしてみると、率直な本音を聞くことができて驚くことがあります。

「第2章　防衛大綱からみえる自衛隊の変化」のうち「『宿営地の共同防護』をやらないと決めた隊長」に登場した中力修1佐もそのひとりでした。

南スーダンの国連平和維持活動（ＰＫＯ）で首都ジュバに派遣された中力修1佐は大統領派と武装勢力との撃ち合いに巻き込まれました。詳細は言えないとのことでしたが、こちらが取材で得ていた事実の確認はできました。

一番聞きたかったのは、同じ宿営地にいた他国の軍隊が政府軍と撃ち合いを始めたとき、「自衛隊はどうすべきと考えたか」でした。すでに安保法制は施行されているので、「宿営地の共同防護」と言って、同じ囲いの内側にいる他国軍を守るのは自分自身を守るのと同じだとの理屈では武器を使えることになっていました。

宿営地はとても広いので、中力1佐をはじめ、隊員たちは他国の部隊が政府軍と撃ち合った事実は知りませんでした。翌日、国連の司令部からの話や地元の新聞で知ったのだと言います。

「もし、撃ち合いを始めたとわかったとすれば、武器使用に踏み切りましたか」との問いに、中力1佐は即座に「それはない」と明快に答え、続いて、「自衛隊は道路補修をおこなう施設部隊です。宿営地を守るのは治安維持を担う他国の歩兵部隊の役割です」とその理由を話してくれたのです。

政府軍と撃ち合った他国の軍隊については、「はっきり言って迷惑だ。PKO部隊が紛争の当事者になってしまう」とも言っていました。

「宿営地の共同防護」は、南スーダンPKOに派遣された中力1佐より前の自衛隊の部隊が国連から「他国部隊とともに宿営地を守るための武器使用」を求められ、安保法制の一部としてPKO協力法を改正し、実施可能としたのです。

「幅広く武器使用を認めたい政府」と「武器使用に慎重な部隊」との間に生まれたズレが埋まらないまま、安保法制は施行されたのです。「生煮え」ですから、受けとめる隊員によって判断は分かれたのではないでしょうか。

南スーダンPKOの撤収の決め方も驚きでした。前述したように、PKOは半年以上も前に撤収時期を決めます。撤収する日に合わせて、自衛隊が持ち込んだ重機類の操作法を地元の人に教え、重機を寄贈して撤収後も地元の人たちだけで道路補修ができるようにするのが、これまでのやり方でした。

南スーダンPKOでは突然、首相補佐官が南スーダンにやってきて撤収を命じます。隊長の田中仁朗1佐隊長は、計画通りに道路補修を続けたいと考え、工事を終えたのちに撤収しました。

田中1佐にインタビューすると、首相補佐官が撤収を命じたのは、治安が劇的に回復し、順調に道路工事ができるようになった最中のことでした。前年までは危険な撃ち合いがあったものの、落ち着いて工事ができる環境になったので、「なぜ今、撤収なのか」と疑問に思ったようです。

現場の取材を続けていると、愚直なまでに法律を守り、任務を完遂させようとする隊員と、勇ましく武力行使に踏み切る方向へと自衛隊を誘導したい政治家との間に埋めがたい深い亀裂があることがわかります。

政治家は戦場へ行くことはありません。政治家の無責任な決定によって、危険にさらされる隊員たちはたまったものではありません。

本書は、政治家を罵倒する自衛隊幹部の姿も紹介しました。政治家と自衛隊は、命令し、従う関係から、微妙に変化して自衛隊が力を付けつつあるように思います。

シビリアン・コントロールはいかにあるべきかが、次の重要なテーマとなるのは間違いないでしょう。

親しくなった海上自衛隊の幹部が言いました。

「みんな退官するときに言うんだよ。「戦争がなくて本当によかった」と」

そんなホッとする時間は、いつまで続くでしょうか。

平和を維持していくには、私たちが、政治家と自衛隊という安全保障の当事者たちをみつめ、評価する理性を持たなければなりません。フェイクニュースに惑わされることなく、正しい情報をもとに安全保障政策をつねに考えていく必要があります。

２０１９年４月24日

半田　滋

参考文献

『平成29年版　防衛白書』
『平成30年版　防衛白書』
『検証　自衛隊・南スーダンPKO―融解するシビリアン・コントロール』（半田滋、岩波書店）
『「北朝鮮の脅威」のカラクリ』（半田滋、岩波ブックレット）
『「戦地」派遣　変わる自衛隊』（半田滋、岩波新書）
『自衛隊ｖｓ北朝鮮』（半田滋、新潮新書）

半田 滋（はんだ・しげる）

1955年（昭和30）年、栃木県宇都宮市生まれ。

東京新聞論説兼編集委員。獨協大学非常勤講師。法政大学兼任講師。

下野新聞社を経て、1991年中日新聞社入社、東京新聞編集局社会部記者を経て、2007年８月より編集委員。2011年１月より論説委員兼務。

1993年防衛庁防衛研究所特別課程修了。1992年より防衛庁取材を担当し、米国、ロシア、韓国、カンボジア、イラクなど海外取材の経験豊富。防衛政策や自衛隊、米軍の活動について、新聞や月刊誌に論考を多数発表している。2004年中国が東シナ海の日中中間線付近に建設を開始した春暁ガス田群をスクープした。

2007年、東京新聞・中日新聞連載の「新防人考」で第13回平和・協同ジャーナリスト基金賞（大賞）を受賞。

『「戦地」派遣　変わる自衛隊』（岩波新書）で2009年度日本ジャーナリスト会議（ＪＣＪ）賞受賞。


著書に、『検証　自衛隊・南スーダンＰＫＯ－融解するシビリアン・コントロール』（岩波書店）、『「北朝鮮の脅威」のカラクリ』（岩波ブックレット）、『零戦パイロットからの遺言－原田要が空から見た戦争』（講談社）、『日本は戦争をするのか－集団的自衛権と自衛隊』（岩波新書）、『僕たちの国の自衛隊に21の質問』（講談社）、『集団的自衛権のトリックと安倍改憲』（高文研）、『改憲と国防』（共著、旬報社）、『防衛融解　指針なき日本の安全保障』（旬報社）、『自衛隊VS北朝鮮』（新潮新書）、『闘えない軍隊』（講談社＋α新書）、などがある。

安保法制下で進む！ 先制攻撃できる自衛隊

2019年 5 月15 日　第 1 刷発行©

著　者——半田　滋
発行者——久保則之
発行所——あけび書房株式会社
102-0073　東京都千代田区九段北1-9-5
☎ 03.3234.2571 Fax 03.3234.2609
akebi@s.email.ne.jp　http://www.akebi.co.jp

組版・印刷・製本／モリモト印刷

ISBN978-4-87154-165-7 C3036